为人生提供领跑世界的力量

BLACK SWAN

趁年轻，折腾吧 实战篇

青春不应被浪费

袁岳 著

 上海财经大学出版社

图书在版编目（CIP）数据

青春不应被浪费 / 袁岳著. —上海：上海财经大学出版社，2014.4
ISBN 978-7-5642-1814-0/F.1814

Ⅰ.①青… Ⅱ.①袁… Ⅲ.①成功心理—通俗读物 Ⅳ.①B848.4-49

中国版本图书馆CIP数据核字(2013)第309090号

□ 责任编辑　袁春玉　　□ 特约监制　张庆丽
□ 特约编辑　李　萁　　□ 封面设计　门乃婷工作室

青春不应被浪费
袁岳　著

上海财经大学出版社出版发行
（上海市武东路321号乙　邮编200434）
网　　址：http://www.sufep.com
电子邮箱：webmaster@sufep.com
全国新华书店经销
北京慧美印刷有限公司印刷
2014年4月第1版　2014年4月第1次印刷

700mm×980mm　1/16　14印张　180千字
定价：36.00元

contents

|目录| contents

常在江湖漂，你得有把刀

社会就这样，和虚伪没关系

3 提高社会情商才是正经事儿

4 世上无难事，只要肯折腾

5 找到你钟爱一生的事业

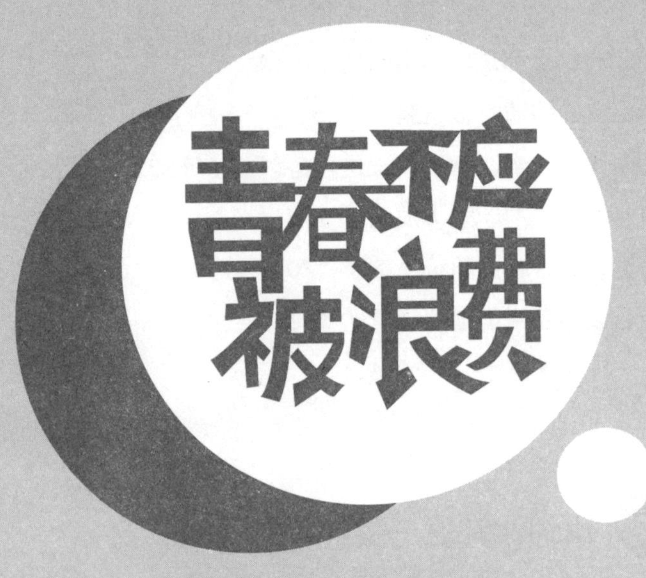
青春不应被浪费

1 常在江湖漂，你得有把刀

◆ 当一个年轻人能说清楚自己要什么，能回答自己的爱好是什么，能弄明白自己的追求是什么，以及准备用怎样的奋斗来把目标分清楚时，这样的人必定会从万千个迷茫、搞不清楚方向、盲目的人里脱颖而出。

◆ 重要的是你要显示一些东西出来，要让人家能够感知到你的存在和价值。我们生活在这个时代，第一要有点儿本事，第二要有点儿高调。

◆ 你是一个好人并没有多么了不起，你要是一个好玩的人就真是很了不起了，而你要是一个说话、做事、为人都很好玩的人，那你将是伟大的领导。

第一要有点儿本事，第二要有点儿高调

有一个大学生朋友问我，中国人素来讲究低调，而你却主张高调，甚至认为高调才有戏，这不是与我们一向的传统相违背吗？这个问题似是而非。中国人传统上不讲究高调，但这是在农业社会时期形成的规则。在农业社会中要低调。为什么？因为人们彼此认识，社会网络相对固定，不需要高调，人们也不认可那种可能打破社会格局的论调。例如，赵本山演的《乡村爱情故事》里的刘能总是咋咋呼呼的，很高调，结果所有人都烦他。生活在一个村里，你还高调什么？

但是，如今这个时代不一样，现在是信息社会与工业化社会，人们之间的社会交往松散化、规模化、快速化。从机会上来说，我们似乎接触了更多的人，但从沟通效果来说，人与人之间关系的密切度降低了。因此，如果不高调，其他人或许不知道你是谁，不知道你能做什么，不知道你做了什么，不知道你这样做的道理，也不知道你与其他人做的有什么不一样……如此，则很难使能做者突出，也不易与不能做者分别开来，使得社会的识别成本高而运行效率低。

当然，我说的“高调”强调的是有实力与做功下的高调，既不是信口开河，也不是坑蒙拐骗。这并不代表你必须在功成名就之后才高调。人们应当把沟通能力当成一种普通的社会交往能力：你想做一件事情可以与别人商量；你想动员一些人一起努力可以发表演讲；你想整合资源

可以谈判；你想知道社会与市场的需求可以做访问调查……**高调是指积极地、主动地、自然地面对熟人与陌生人，正当、直接地与之沟通**，而不是光在一旁自己想、自己念叨，也不是只说悄悄话或者八卦。

我们今天身处一个快速发展且周围充满各类资源、机会和风险的时代，没有一点高调沟通的意识与能力，就会成为“二八”定律里的弱势方。在这样一个已经从本质上发生了变化但很多人还普遍低调的社会环境下，高调本身就是竞争力。许多家长、老师还没有意识到这一点，他们给孩子灌输的还是低调做人的理念。

上海滩有一句赞许他人的话，称为“有腔调”。在他们看来，最“有腔调”的男人是周立波。“有腔调”有“酷、派、拽、牛”的意思，也有“有范儿、有劲儿”的意思；它的基本形象是光鲜、讲究，但是往往又有点儿鼻孔对人、斜眼看人的感觉。这种感觉不是那么好，也不是人们在沟通过程中欢迎或者愿意效仿的模式。我更提倡有格调的沟通。**所谓沟通有格调，就是：可以主动表现，但有知识且谦虚，不以自己有知识而蔑视他人，不以自己知道一点儿而觉得只有自己最牛；积极与人沟通的目的不是讨好、献媚，而是既有自己的想法，也尊重他人的意见，这就是所谓的不卑不亢；与人沟通能带给人帮助与善意，同时也能倾听他人的意见，追求妥协与双赢；对他人的感受敏感，又不会过分紧张，不会无视他人的意见而显得专横**。我们已经进入一个利益分化的时代，这也是一个很多人都有个人话语权的时代，因此沟通就成为了解人、接近人、获得人、与人相处、和平分离的基本能力。没有沟通的能力就无法获得和谐的人际关系。

沟通不只是一种意愿，也是一种方法论与技术工具。徒有沟通的善意，不一定有好的沟通结果。我们要科学地学习并掌握更多的沟通知识、技术与技巧，进而在有限的沟通成本下达到更好的沟通效果。

当我们给自己朴素的沟通佐以适当的专业方法时，就会收获很多出人意料的结果。有人觉得学习沟通技巧太功利了，但是，既然你不怕粗糙的沟通把你陷在泥泞里，为何担心专业的沟通把你带到花园里呢？既然不怕在糟糕的沟通中受苦，又何必害怕学习了更好的沟通技巧而让你幸福呢？沟通本来就像是蜜蜂的翅膀，学习沟通技巧只是把翅膀还给了蜜蜂而已。

上大学的时候，我的平均学分是4.97分。一则因为我的记忆力很好，即便在考试前一个礼拜才复习也能考得很好；二则因为我还旁听了很多其他院系的课。我是1985年中国第一代免试研究生。我读研究生时发表了25篇论文，曾是我们年级发表论文最多的学生（后来才得知还有一位同学发表了32篇）。我的意思是，无论你上不上大学，重要的是你要显示一些东西出来，让人家能够感知到你的存在和价值。

我们生活在这个时代，第一要有点儿本事，第二要有点儿高调。如果现在你还不具备这两点，那你得多加练习怎样增加本事、如何表现高调。我曾做过一期有关“80后”的节目，接触过上海一家足浴房的洗脚女工。她说：“我也会上网，我也会交友，我还会给顾客洗脚。大学生都不见得有这项本事。”她说得挺实在的。

所以，如果你现在还没有一技之长，那就让自己先具备一项本领，这样别人才能对你刮目相看。现在的大学教育是普及化教育，不同于研究化教育、精英化教育的是，受后两种教育的人可以到一个单位当人才用，到岗位能胜任，而普及化教育出来的人，能不能胜任是与个人能力有关的。你有什么能力？如果你有了这项能力，他人怎么才能知道？

当今社会的残酷性在于：它只认可可感知的个性。什么叫可感知的个性？比如，你自称很会思考，那你思考过什么？你写过什么论文吗？你发表过什么观点吗？如果我今天给你一项任务，让你思考思考，你做的跟其他人有什么不一样吗？可感知个性的一个特点是结果取向。假如我是一个公司老板，在录用员工时，我的目的非常明确，看的就是结果。如果你爱思考，就在学校当思想家。

这就是职场的一个基本特点，它不是不容纳个性。相反，就因为它是结果取向，反而给人更大的空间。你有什么个性没关系，但是你必须把工作干好。如果一个不爱思考的人把工作干得比爱思考的人还好，那我就会录用那个不爱思考的人。社会就这么残酷，就这么现实！

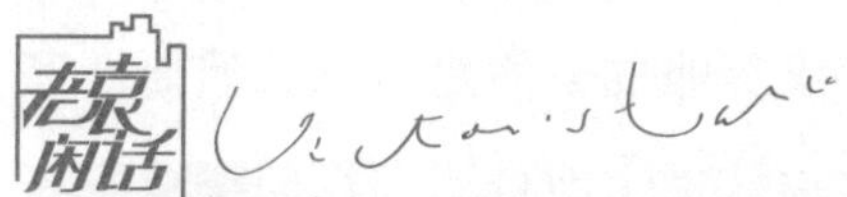

◆ 我天生具有媒体人的特质：一是我喜爱写作，这项爱好我从未放弃过；二是我喜欢挖掘特有的信息素材，这点让我在这一领域拥有了一定的专业影响力；三是我拥有服务意识，我在写作或参与创作作品时，会考虑不同人群的接受能力与沟通习惯，这就是一种服务意识。

拼爹不行就拼脸皮

现在很多人都拼爹，有亲爹的拼亲爹，没亲爹的拼干爹。如果你亲爹和干爹都没得拼，那你拼什么？拼脸皮！

我发现，欧美名校里的中国名校留学生相对较多，非名校留学生很少。为什么呢？难道外国人真的歧视中国非名校学生吗？实际并非如此，一个很重要的原因是中国非名校学生根本没有申请欧美名校的自信。如果你敢大胆申请，也有一定的机会。按照我的这一建议，若干位非名校学生也得到了欧美名校的录取通知与奖学金。

很多企业招聘员工时都选名校的毕业生，他们有自己的理由，其中一个原因是招了名校的学生，面子上比较有光彩。有的老总还特别跟我说："有一个清华的高才生在我这里工作。"他觉得很有面子。但是，一个公司哪有光靠面子撑着的？还得靠真正有能力的员工。

有的同学找工作非要去中国银行，或者非要去通用电气。然而，通用电气公司招人有规矩，规矩倒也简单：只招全国17所名校的毕业生，其他学校的都不选。如果应聘者不是这17所名校毕业的，想被录用就很难了。后来他们的主管跟我说："其实，不是这17所名校的毕业生我们也要。尽管我们声称只选这17所名校的，但每次招聘报名的有200多个学校的学生。而且我们发现，其中最好的学生一般不是名校的。但是，因为我们声称只招名校的，那些非名校学生被录用后就觉得特别荣幸，就会特别珍惜工作机会。"

因为通用电气公司声称只招聘17所名校学生，所以大部分非名校学生便会产生自卑心理，不敢去应聘。其实，你不仅要去，而且要觍着脸，只要你够优秀，就会被录用。这个主管发现，非名校学生办事能力很强，面试和笔试都能通过，不比那些名校学生差，甚至比他们还强。最后录用的时候，非名校学生和名校学生平分秋色。通用电气聘用应届毕业生的策略是，90%的员工都从实习生里选取。他们发现，至少有一半的机会给了非名校学生。

我招聘过一个同事，她到我们公司应聘了7次，都被我刷掉了。为什么呢？因为她的反应特别慢。我问一个问题，她的回应总是慢半拍。到第8次的时候，她又来了。我7点来上班，就看到她搬来一个小板凳坐在我公司的门口。看样子等的时间很长了。她家是天津的，跑到北京来面试，还搬一个小板凳坐在门口等着。我被她的精神感动了，最终我们成了同事。

之后，这位同事的表现证明了两点：第一点，她的反应还是那么慢，我布置工作的时候，别人都说“明白了”，她反应半天才回答；第二点，很快明白了的人很快就说：“老板，这事我真的干不了，情况根本不是我想的那样，我也不认识这些人，要访问也访问不了。”而这姑娘在我公司工作了8年，从来没做过类似的事。只要她说行，永远都是自己把事扛起来，把问题解决掉。后来她移民加拿大了，再见到她时我就告诉她，她是一个很特别的人才。能把腐朽化为神奇，这是一种人才。

你要用你坚强的脸皮证明，在今天这个时代，还有人是很有耐心的。这至少会让人觉得，现在还有年轻人会这样坚持一件事，这一点本身就很可取。

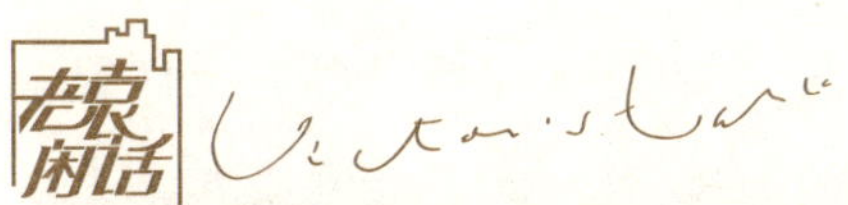

◆ 我是一个农家之子，是一个没家产、没背景、没爹可拼的人。我以前想过做各种各样的事情，也有过各种各样的梦想。从过去到现在，除了勤奋努力外，我还得到了很多人的帮助。他们不图我的回报。我今天有机会做公益，又怎能期待回报呢？我在路上，随时在走，有一天你我相遇就是缘分，回报不回报，无所谓。

◆ 贫穷提供了发掘与激发个人潜能的空间，但是很多人因贫穷而自丧其志或者自失其格。贫而怨最为无用，不能增加能量，只能增加别人对你的厌恶之心；贫而安于命最为悲哀，因为它让父辈的条件成了自己的枷锁；贫而无德最为可恶，因为它让更多的人诅咒你。

在爱好的天空下行走

我问大家一个问题：有多少同学热爱自己学习的专业？在正常情况下，一堆大学生中热爱自己专业的人不超过5%。要知道，无论做什么事情，只要不热爱，绝对不会有精彩可言。

现在的大学生不像年轻人，没有理想、没有激情、说话没有底气、内心没有动力。要想实现一个愿望、做一件事情，都要有自己的品位、有自己的讲究，而你却没有。从本质上来说，你没有灵魂！也就是说，你没有一样东西是属于自己的，没有一样东西是你非要不可的。你要做出来，你要表达出来："那就是我的！"你没有，就不能感染人；你不能感染人，就没有团队；你没有团队，连自己都不能被感染，怎么感染消费者？你怎么把东西卖出去？你怎么能有附加值？

我经常遇到一些特别出色的推销员，至少他们会让自己看上去很有感染力，让顾客感觉这东西自己要是不用的话，生活就没品质。就像有些卖保险的人，不管真的假的，他至少装出很热情的样子。尽管你可以讨厌他、不买他的账，但是你如果简单地拒绝他，就会觉得不太好意思了。

有一个人给我推销保险，说有一种保险可以保值；买了这种保险，相当于把公司的一些营业收入转到保险中，后来再从保险中返还给你，而且可以避税。我一听这玩意儿挺有意思，但是觉得有点儿法律风险，就说："再说吧，条件不成熟。"他问："什么时候成熟？"我说："四五年吧。"结果这哥们儿在整整5年之后真的给我打来电话，说："袁总，您记得吗，5年前我给您推销保险，您说四五年以后条件就成熟了。"你看，他有一件事情，放在心里存了5年。到了这天给你打电话，你真的就不好意思拒绝他了。

爱好到底是什么？说到爱好，有人会说每个人都有自己的爱好。很简单，爱和好（hào）嘛。比如，作为一个女生，你喜欢一个男生的时候就知道了什么叫爱好，对不对？你爱的人是你喜欢的那个类型，他不见得是一个好人，但他是你喜欢的类型。所以，这个词不念爱好（hǎo），是爱好（hào）。一个人有体臭，但你就喜欢那个味儿。别人喜不喜欢，那无所谓。这没有什么好不好的，重点在于"王八看绿豆——对上眼儿了"。

爱好需要尝试后才能确定。你去超市，一排方便面放在货架上，有40个品牌，你怎么知道选哪个？到国外去旅游，看到一堆国外特有的食物，你吃哪个？我去帕劳时吃过一种大蝙蝠。有人奇怪："咦，这怎么吃？"没吃过如何知道怎么吃！那个蝙蝠是专门吃苹果长大的，叫果蝠。尝完之后，我可以肯定地说，一个人一辈子总要尝试一次，之后再决定要还是不要。爱好就是尝试之后，你知道自己好还是不好这一口。

所以，我鼓励大学生社会化。实习可以帮助你了解干什么更好，帮助你多见一点世面。试一试，看一看，有亲身体验，就能知道这个事情自己喜不喜欢做。我们原来的眼光很窄，见识的东西很少，就需要去见识、尝试，发挥感官的作用。不要听你妈妈的，也不用听老师的，仅仅靠感官，你就能知道什么东西是自己的爱好。

我讲的爱好，实际上是自我标识、自我归属、自我认同和自我确认。在这个世界上，成千上万的可能性中，哪些东西是你的菜？就这件事！搞清楚什么是你的菜特别重要。

就像刚才谈到的，你终于找到喜欢的那一种味道了，就会觉得生活很幸福。你天天这么熏着，你们两人都带着这个味儿了。后来你们两人味儿差不多，长得差不多，笑得也差不多，这就是夫妻相。我们研究过1000对全国的幸福夫妻，79%的夫妻是相像的。大家不要以为爱打麻将是不好的习惯，两口子都爱打麻将，那叫幸福的两口子。

再比如工作狂，有的人说好，有的人说不好。如果两口子都是工作狂，就像潘石屹找上张欣，这两口子都爱做房地产，做得都挺投入、挺认真，他们就是幸福的两口子。如果两口子都爱睡懒觉，说这样上班不行，咱们就换一个职业，做自由职业者。这都挺好的，关键在于这两口子对上了。

总结一下：第一，要能识别出来什么东西是我嗜好的那一个；第二，我嗜好上后发现它真的是我喜欢的那一个；第三，通过对它的喜好，我对这件事物的认识超过了其他人。所以，你需要确认，到底什么是你热爱的。

这是一个过程。比如你打算一定要把世界上最好吃的东西都吃遍。问题是：世界上到底有多少好吃的东西？这就是一个过程，你一定要去辨别。

你真正的爱好，不是在学校里能搞清楚的。爱好，不是一个虚拟的专业；爱好，也不是一个虚拟的课程；爱好，更不是你想出来的白日梦。白日梦，说的是校园里想出来的白日梦，你必须到社会上。为什么选方便面时你能够选出你喜欢的那一好（hào）？因为你真的看过、吃过货架上摆的所有方便面，你才可以做出自己的选择。

只有在你面对自己了解的真实的社会选择，选择自己对它有感觉的那一好（hào），而且在有感觉的那一好（hào）中，只选择较高标准的那一个，才算完成了你的自我辨识、自我归属、自我认同和自我确认。这就是为你确定的一个目标。

我们每个人的资源都是有限的。有些同学喜欢看书，从早上看到晚上，从晚上又看到天亮，一点儿都不累；有些同学不要说看一本书，看一会儿书就会累，但只要打游戏他就不累；有些女同学，打游戏肯定会累，但只要唱歌她就不累……每个人都是不一样的。为什么？因为人只对喜欢的东西有感觉。

像我，是典型的微博控，只要上微博我就不累。我会把生活中的很多事情都放在微博上和大家分享。有的同学问，哪儿来那么多时间看微博呢？我觉得奇怪，怎么会没有时间看微博呢？关键问题是，微博在我的生活中只是很小的一部分，我还干很多其他的事情呢！如果有一个约会，我还是有时间的，只要我爱好。但如果有人跟我说："袁老师，我想和你吃个饭。"我会说："对不起哦，挺忙。"这说明什么？我对他没爱好。只要爱好，必有资源。

一旦你确定了爱好之后，你的资源投向就有了聚焦点。而一个人一旦落在一个点上，如果累积的话，特长就会随之产生。有了爱好的牵引，人的积极性就完全不同了，这就是一种使命。

你在为理想而奋斗的过程中所学到的东西，对你的未来都是有很大帮助的。当你没有目标的时候，你不会为奋斗而去学习，对学的东西就没感觉，很容易忘记。而你喜欢的东西，会在你的人生中留下很重要的印记。所以，我劝大家还是先确定一个方向和目标，这样你的学习才会有感觉。哪怕以后有更好的选择，也没关系，目标都是不断调整的，最后总会到达更好的那一个。而且，在社会中自我实现、得到认可会给自己带来更大的成就感和快感。

当一个年轻人能说清楚自己要什么，能回答自己的爱好是什么，能弄明白自己的追求是什么，以及准备用怎样的奋斗来把目标分清楚时，这样的人必定会从万千个迷茫、搞不清楚方向、盲目的人里脱颖而出，也会得到更多、更好的机会。也就是说，正因为你去自我拯救，所以你会得到更多的帮助。

最后总结一句话：**在爱好的天空下行走；自助者，得人助。**

◆ 我从来不炒股，因为我一点儿也不喜欢它；我也不玩高尔夫球，因为我始终玩不出兴趣。我喜欢骑马，我觉得活马比死高尔夫球有意思多了。我喜欢，我就更愿意去琢磨钻研，就更容易把一件事情做好；而不喜欢、硬着头皮去干，便不会获得好的结果。

◆ 柔软管理的关键：基于职业爱好的感召力，鼓励与发掘职业爱好，让有职业爱好者成为管理者，这样他更容易在聚焦、投入、激情中产生感召更多追随者的人格魅力，从而辅助支持减少管理摩擦与降低相关成本。

有偏好，加特长，你就厉害了

人们对于没试过的东西，就没法知道喜欢还是不喜欢。就像你从来没有吃过大闸蟹，就没办法说你喜欢吃大闸蟹。所以，我们的职业爱好不能在大学里规划出来。人的一生要经历多少事？你能规划十年以后吗？能规划三年就不错了。而且你都没有经历过，也没有见识过，该怎么规划呢？但是，我们在大学里能够规划一件事——我准备尝不少的菜。这是可以的。

你知道回锅肉是哪个菜系的？东北？东北哪有回锅肉啊！东北有锅但是不回锅。这道菜属于川菜。再比如，四喜丸子是哪个菜系的？粤菜？很多同学在吃这道菜时都不知道它属于哪个菜系。四喜丸子是淮扬菜系，就是上海本帮菜。但是上海本帮菜又是由江苏菜和宁波菜结合而成的。我的意思是，任何一个系统里面的知识，只要稍微研究一下，就会发现它都是有渊源的。

那你怎么能够辨别菜品呢？首先，你要想清楚自己到底喜欢吃什么。其次，如果你知道自己喜欢吃什么，那这个菜的渊源是什么？讲究是什么？怎么做？如果你能说得稍微专业一点，这就叫特长。一个人，如果有偏好，再加特长，你就厉害了。人家会说："咦，你有点儿像美食家哦。"对你来说，因为你有专业和特质，你的称号就改变了。如果你与客户谈生意，人家问你四喜丸子是哪儿来的，你回答出来了，客户就会对你很佩服：现在的"90后"还懂得这个！他立马就会对你和你的这个公司刮目相看。所以，小小的知识也是有权威的。

因此，**第一，你要多些见识；第二，你要对这个见识稍微多花点儿心思**。你可以百度一下，就知道它是怎么回事了。然后，在你对一个事物有所体验、有所认知的情况下，你就会有所偏好。当这个偏好变成我们的职业根基的时候，你就有可能做得比较好。

有了偏好，在这方面积累得多了，就会形成特长。比如，听觉有障碍的人视觉一般都会更敏感，或者从理论上来说，可能比听觉无障碍的人更厉害一些。我从我母亲身上发现了这一点。母亲91岁，耳朵有一点儿聋，但是她的视力特别棒。按理说，91岁老人的眼睛会老花，可她不仅不老花，甚至可以比较清楚地看到旁边人电脑上的字。她的视力基本上比很多学生都好，远远地来一个客人她都能认出是谁，而且她能够从细小的动作中知道别人要做什么。

这一点在催眠里也非常重要。催眠有一个非常重要的技术就是从细微的行为变化中准确判断别人的行为需要，有的时候人们的肢体语言比口头语言更为准确。

举一个例子，会催眠术的人能够看出一个人是否吃过饭。一个人在没有吃饭的时候，肠胃处于饥饿状态，就和吃饱的人在表情肌上反应的部位不一样。明白了这点之后，就能够识别出不同肠胃充盈度和饥饿度的人所有的不同表情。会催眠术的人在催眠过程中特别注意人身上的手指、脸部、颈部露出的每一块肌肉的细微动作，以此来判断对方是否进入了被催眠的状态。这是对市场研究方法的弥补，过去我们很相信人们说的话，不太注意这些细节。

这种观察力有很多专门的技术，我们做市场研究有一个专门的方法，叫作“观察法”。所以，大家不要满足于学习一般的知识，而要在最有可能发挥长处的方面琢磨、尝试，将来就可以把这方面的能力发挥出来。在学习的早期，这种特异功能只是一个可能性，但是往特别的方法和理论中延伸就会变成技能，就能对社会有用了。一旦有用之后，社会不仅会认可你，还会表扬你，同时还愿意花钱买你的服务，或者给你一种特殊的机会。从某种意义上来说，社会是势利的，它通常只会给技能以机会。我们在学校学习的时候，不能仅仅限于学院里已有的课程，还要和社会上的机构多合作、多联系。

一个人在25岁之前，如果说一定要具备什么的话，那就是爱好，明白“我喜欢做什么”，这点特别重要。**爱好意味着你拥有了三样东西：第一，快乐；第二，方向；第三，专长。爱好加特长，你就是最好的。**

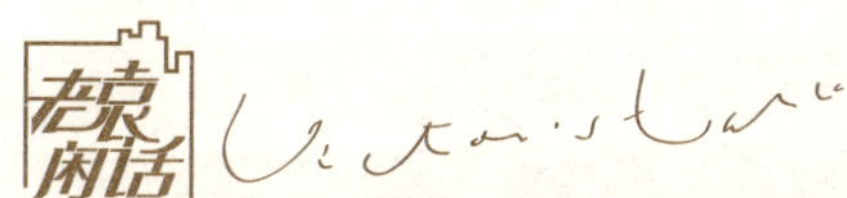

◆ 想象力和表现力的超越时代来临，终于迎来了新一代的设计家。他们的知识面与信息面非常宽广，有完全不同的柔性权威观念，这不仅仅是因为他们背负了沉重的历史负担，而是因为他们掌握了更加灵活的表现能力。对于将产品与服务统统重新设计一遍的想法不仅具有可能性，而且更有现实性。

找到你的核心竞争力

我们用上大学学的那一点儿知识，想在某一领域出人头地是很难的。比如学财政、学金融，凭大家在学校学的那点儿东西就想在金融界混出样来？这几乎是不可能的。但是，如果你换一个思路，把那一点儿金融投资的“三脚猫”知识用到文化创意领域去，人家就会认为你是一个人才，因为他们不懂金融投资。学会计的人就得去搞品牌，因为搞品牌的人全是假把式，只知道花钱，算不出收益，不懂得分析。当你做了几个品牌并研究过之后，就能发现不同品牌的财务收益率是怎样的，营销老总就会觉得你很牛。

所以，同学们千万别把在本科学习的那点儿东西太当一回事，你只是碰巧有了一点儿系统的概念而已。在用的时候，你最好找一个喜欢的领域去用，找一个不同的领域去用。

那我们怎么去找这个领域呢？我希望同学们在学校里做三件事来打开自己的职业大门。**第一件事：在学校里至少接触三四个职业，养成职业见识**。无论是去做公益活动也好，去实习也好，还是去做社会访问也好，你要亲身去接触这些职业。比如说职业访问，不要说我舅舅是公务员，我就去访问他。一般来说，外甥看舅舅是看不清的。你要搞清楚陌生人的情况，这才是最重要的。好比你把东西卖给你妈妈，不论她说好还是不好，那都是不准的。我们在做科学调查时，首先要把亲戚排除在外，其次要把自己认识的人排除在外，然后把专门做这行的人排除在外，只以陌生人为访问对象。寒假有做社会职业访问的好机会，因为大家要拜年，会遇到各种各样的人，有的人是公务员，有的人是老板，还有的人是做投资的，等等。这时，你就可以对某一些你想了解的职业做一个访问。这是完全可行的。

我们还可以通过不同的方式来了解自己感兴趣的职业，比如，把你的暑假利用上，去实习。如果你刚上大一，那你就有3个暑假可以用，可以了解3个职业。再比如校外的公益项目，你也可以通过它来了解更多职业。北京师范大学有两个协会：一个是白鸽协会，可以帮助民工学习电脑知识；另一个是帮助盲人使用互联网的协会。它们不仅是公益项目，还得到了来自微软等企业的赞助。北京中医药大学有一个学生组织，建立了一个叫“数字爷爷”的项目，动员小孩子们教爷爷奶奶上网。北京信息办认为这个项目不错，就和学校合作了。还有，你也可以通过社会访问来了解职业。我们对于一些真实的工作需要有真实的感受，这不能靠想象，而是要有真实的体验。通过这些途径，我相信大多数人能选择出自己相对喜欢的职业。这是第一件事：职业见识。

第二件事：至少找一份工作考验一下自己的职业极限。什么叫职业极限呢？很多同学跟我说自己没时间实习，在学校里就已经很累了。其实，这就更需要去实习。如果你做一件事情觉得很累，最好的方法就是再做一件事；如果你做两件事觉得很累，最好的方法就是做第三件事；当你把第三件事做下来了，再回头去做一件事的时候，你就一点儿也不会累了。这就是我们感受生活的方式。我得歇会儿，我要睡一会儿，结果只会越睡越累。睡懒觉的人都有这样的经验：上午10点没有起床，再睡一会儿，结果睁开眼睛的时候已经到下午3点了。我没有听说过谁到了下午3点还神清气爽的。趁着年轻、有资本，现在就去考验极限吧。无论以后干什么，这些经历都会让我们受益无穷。

第三件事：去接触社会。举一个可能不太恰当的例子。有位经济学家认为现在的小偷“职业素养”太差。小偷在别人口袋里摸一摸，好的摸个上万元现金，差的摸个几元钱。要是带把刀子，阴差阳错，就为了那几百元钱，伤了对方自己也麻烦了。所以，小偷不要带超过自己“收益水平”的工具。另外，小偷也要有“核心竞争力”：跑得快！这就叫职业经济学，也是一种趣味经济学。其实，任何职业都有专业性。学校的老师会这么来讲投入与产出吗？老师很少接触社会上的百态人生。所以，我们要去接触社会。

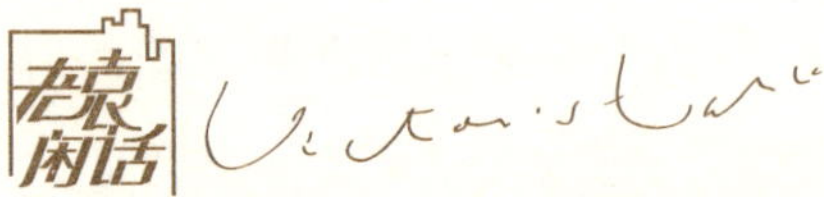

◆ 现在，很多年轻朋友创个业要帮扶，做个公益要帮扶，找个工作要帮扶，买个房子要帮扶，找个对象要帮扶，生个孩子要帮扶。其实没有帮扶是没有代价的，也没有帮扶是没有副作用的。有手、有脚、有脑子的年轻朋友们，不要因为耐心不够而求帮扶，先独立、先自主、先奋斗，拿的总是要还的，没骨头扶不上墙，越帮越要扶。

见过场面，你就从容了

其实，在这个世界上本来就没有什么了不起的事儿，只要你见识过。我可以担保，世界上能遇到的职业，我们大部分人能搞定的比例超过90%。比如写小说，有什么了不起的！韩寒都写了，你写不出来？坦率地说，从文学角度，以我们“60后”的标准来看，韩寒的书不叫书，而叫记叙文。韩寒文章的特点是段少、句子多，一句一句地写不成段，在我看来，这就是成文能力较弱。但是，他有一招：他不是写一篇记叙文，而是写三四篇记叙文，然后交叉着写，就有蒙太奇的感觉，这就让人不太能看懂，觉得他很有文学水平。其实，关键在于他敢写。

现在我们到一些酒店去，比如香格里拉酒店、喜马拉雅酒店，经常看见一些当代艺术画。当代艺术画一看就懂，不就是三个石块堆在一起吗？这是画吗？这画我也会呀！现在很多人都会发微信，如果你拉着你奶奶玩微信，你奶奶肯定会说："不行，我不会。"其实你奶奶本来是可以会的，但是她却说她不会。为什么？因为她恐惧。为什么恐惧？因为她没有接触过。.

一个真正有知识含量的东西放在你面前，仅仅靠着感官，你就能判断出来它是不是你喜欢的。职业也是这样，如果你尝试了几个不同的工作，就会知道这个是你喜欢干的，那个是你不喜欢干的。作为学生，要想接触职业，一定要去实习一下。先去一个创业企业实习，再到一个稍微大一点的企业实习，然后你就可以做比较了。如果你很喜欢挑战，就去找干了以后不太有把握但是对自己又有挑战的工作。如果你喜欢那种不需要挑战的东西，就去找几乎没有挑战的工作。关键是要对号入座。

这就是为什么我鼓励大家去尝试，有了这样实际的尝试，在其中你就会超越。而今天，你的潜力被课程、成绩、考试制约了。你要把你的嗅觉，把那种闻东西、感觉东西的能力发挥出来。你只有尝试一下，才会知道答案。

尝试得多了，经历得多了，你也就变得从容了。全世界最不从容的一件事就是在众人面前说话，但如果你说得多了、经历得多了，就从容了。假如你从来没在众人面前说过话，第一次时你的声音会颤抖吗？肯定会！你会结巴、会口吃。从容来源于多次面对这个情况，同时在一定程度上对怎么处理有了一定的经验。

我强调大家多去实习，其目的不是为了挣钱，而是为了了解校园以外的那种社会场景。当你心中有数的时候，再去就业你就会从容了。领导说："小刘过来一下。"你没经历过，傻傻地站在那里，心想："领导喊我干吗？"领导一看你那样，就认为你没出息、没见过场面。但是，如果过去你已经见过很多，给很多领导拎过包之类的，你就很从容了。这就是我鼓励大家要多去实习、多去见识、多进行社会实践的原因。

除了这些，在学校里，大学生还可以做些什么具体的事情来增长见识呢？

我建议同学们至少做3件事：第一，多读书；第二，多活动；第三，多努力。所谓多读书，就是用快读书的方法增加知识的浏览量。基本目标是一周读1本书，一年读54本书。如果你从大一开始就这样做的话，四年至少可以读200多本书。这是什么概念？绝大部分中国人一辈子只读7本书，只有5%的爱读书的中国人一辈子读了500本书。这样一来，你在四年内就能达到其他人半辈子的读书量。在读书的时候，不要仅限于你的专业，要发散性地读。只有广泛地读书，你才能发现自己的爱好和特长。之后，你随便到图书馆借一本书，或者到书店买一本书，你就会从某一个特定的类别中去选，而这个类别就是你个人喜欢的东西。有见识才能有选择。

第二就是多活动。大学里都有很多的院系、有很多专业，你自己的专业过得去就行了，多旁听别的专业的课。在很多学校中，最能干的同学基本上是成绩考得中不溜，还有机会到外面折腾折腾的同学。**一个人最大的潜能是什么？就是能把A知道的，加上B知道的，加上C知道的……把很多人知道的加起来，变成XY，这个XY没人见过。一个有创新、有个性、有情绪的人在社交中是最受欢迎的**，而多接触不同的人对自己很有帮助。

第三是多努力。很多同学在家里或者在学校里、宿舍里待的时间太长，在文化上就具有时空观念的落后性。时空观念在睡个懒觉的时间里过去了。那些真正强大的人就是到处找理想的人，而不是说正好因为某个原因，比如我喜欢的人在这里，所以我到这里来；他们主动在更大程度上寻找机会。

旅行的时候，我们的时空观念会发生很微妙的变化。通过体验，你会知道你跟社会上的人有什么不同。同时，你也会体验到空间的拓展，你会发现世界是如此之大，原来自己只知道周边的某一些事情；原来另外一个人，比如说印度人，跟我们印象中的是不一样的。如果你能够把很多个国家都了解到，你就是一个全球性人才。如果你在一家跨国公司工作，那你个人的表现、素质就跟其他人不一样，你就有更多的机会。

所以，如果同学们有时间，我觉得最好是去实习、做兼职，然后考虑去旅行。

◆ 你成功了又怎样？你以为自己高人一等、有特权、更聪明？其实成功在很大程度上是因为运气，又在很大程度上没有赌博。成功生不带来死不带去，因此一个有平常心的成功者才是一个不会减损自己的成功者。

每个门派，总有自己的一技之长

我们大部分人到40岁的时候，就会知道自己是庸人。什么是庸人呢？就是不管你在哪个地方就业，都只是一个普通的职员，要么是机关里的普通公务员，要么是企业单位里的普通职工，要么是事业单位里的普通员工。这里并没有贬低的意思，只是说你有普通员工的特点。

我们为什么会成为庸人呢？因为不想去冒险，不想去开创，不想去打破现状，更不想去为了一个特别的东西付出特别艰苦的努力。没有这些特征，你的18岁就和80岁差不多，甚至会认为，将来安安稳稳的就好了！安安稳稳的还要你到这世界来走一回干什么啊？作为一个年轻人，在这个世界上就是不能求安稳。

即使是一个庸人，在岗位上也有所谓的优秀员工和非优秀员工。这与很多东西有关，比如是否喜欢这个岗位，对这个岗位是否有耐心，是否有很好的理解能力，等等。如果你喜欢这个岗位，你就会琢磨这个岗位上的事。而如果在一个岗位待的时间长，有足够的耐心，你积累的经验就比较多。优秀员工懂得加强自己的理解能力。他不是一开始就有什么特别的能力，但是有很好的理解能力，这就相当于打了一个特别稳固的地基，将来他可以在上面造出高楼大厦。

此外，还有一点很重要：要有职业技能。职业技能就是某一个方面专门的、与工作相关的技能。比如做会计的，或者做市场营销的，通常有某一方面的技能。从职业技能方面来说，我觉得理工类的学校要比文科类的学校好一些，而那些开办新专业的，像金融、公共管理之类的文科学校，我个人认为基本上不靠谱。比如说管理，我们今天所说的管理，都是做管理咨询的。而现在的管理咨询有一个很重要的思路，就是要以行动取胜。所以，通常以工科为背景的管理学院相对靠谱一些。如果北京大学和清华大学PK的话，清华大学相对靠谱；如果上海地区的高校互相PK的话，同济大学不是最靠谱的，但也属于靠谱的之一，与上海交通大学不相上下。我们国家最好的管理学院是西安交通大学的。

从这个角度来说，任何一个地方的同学都有自己的资源。我们要珍惜现在已有的资源。江湖上有些门派，这山望着那山高，到了那山没柴烧。如果你是少林派，就把拳练好；如果你是天山派，就把剑练好。每一个江湖上的门派，总有自己的一技之长。在野外生存，你至少要有一技傍身。这样，在外面混的时候，你还能把小剑拔出来抡两圈，还能唬人两下。

除此之外，我们这个时代，你一定要掌握一个小技巧，那就是沟通策略，这是第三点。沟通策略就是会说会写，掌握了这两条，找个好工作不是什么太难的事。大学里的专业你学得好不好，别人其实是看不出来的，大家都差不多。同学们在大学期间，要大搞演讲比赛。还有就是要会写。领导说什么话，就给他写个备忘录，用三页纸把要点写出来。就靠演讲和记要点，也能找个好工作。

其实，这都是做人的基本技巧和基本技能。什么叫做人的基本技能？比如说主持。主持就是说话吧，这么简单的事情还弄那么复杂干吗？我们主持的时候，就用正常人说话的方式来做，不要念讲稿上面的东西。你在一个客户面前能表达出来，在学生面前能表达出来，在其他同事面前能表达出来，这就叫基本技能。写好东西再念出来，这谁都会，这不叫技能。在脱稿的时候能表达得很流畅、很自然，这才叫技能。这是很难的。

我现在这么能说，不是从小就那么强。我出生在农村，家里小孩特别多，我是我们家老十二。所以，平时家里人都不让我说话。只要我一发言，我爸就说："大人说话呢，别插嘴。"我妈说："这事你就别说了。"我的其他哥哥们说："小弟，你怎么会说这话呢？"基本上我没有说话的权利。我上大学的时候，就是给我写好稿子我都不会念，光是紧张，而且我讲的是带有很浓口音的方言。那我现在怎么能说会道了呢？因为大学的时候我组织了一个大学生演讲协会，我专门练这个技能。不用会其他技能，就靠会说话这一条，都能在今天这个社会上找一个好工作。

写东西、说话、很自然地跟人沟通交往，这些都是我们要掌握的基本技能。而今天的大部分同学，宣称受过高等教育，却连做人最基础的技能都不具备。不会写，天大的科研成果就不会变成论文发表，世界上就没人认可你。你说自己很会卖东西，但是你不懂得推销的说话之道，还是没法把东西卖出去。有基本技能这个东西，不一定能成功；但是没有，就有点儿问题。

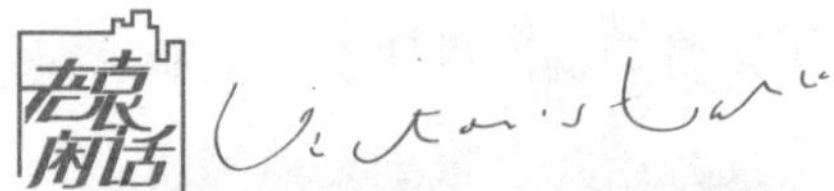

◆ 我们要善于发现员工的特长，并尝试让他们表达自己独特的感受与想法，这在很大程度上解决了一些管理者的一个纠结，就是觉得“80后”与“90后”中管理无人。问题不是无人，只是与传统标准有差异而已。我们面对一整代人能做的是调整管理的标准。

行动形成习惯就是你的技能

大学的时候，我在学校里办了一个演讲协会，把最会演讲的同学都请到协会里来当副会长和理事。因为我是组织者，所以我当会长，经常组织他们演讲。次数多了以后，我就熟练了。人就是这样的，你老是跟着人家学演讲，学着学着你就会了。

我们经常请很多社会上的演讲家专门来做演讲、办讲座，大概一个月一次。我还记得其中一位演讲者的一个观点是：大学生不能够简单地去实习，理由有四个，一……；二……；三……；四……他说，说话者一定要先说出四个来，即使你只想到两个，也要先说有四个，然后一边说一边想。后两个要是实在想不出来就胡扯，扯习惯了以后一不小心就会成为四个。明白吗？关键在于要形成一个新的说话习惯，后来我就学会了这个说话习惯，现在我随便说什么都能讲出四个理由来。

天才就是这样的。每个领域中都有很多人是天才。**天才通常会表现出爱好；很多人有这个天分，但没有行动，时间长了慢慢就变得平庸了。**为什么人家都说什么拳不离手、曲不离口？即使是一个天才的武术家也要经常练习！人家功夫熊猫也是要经常练习，然后才行。

到目前为止，我保持了写博客6年没停过一天、写微博520天没停过一天的纪录。为什么我能写那么多博客？最重要的是我在行走江湖。对我来说，不是没有话题可写，而是可写的话题太多。光待在学校里写博客的话，是蛮有压力的，因为没有那么多话题。如果我再多些时间，还可以写得更多。在我刚刚写博客的时候，第一个月觉得有东西可写，到了第二个月的时候，突然发现没什么东西可写了，原因在于不习惯把这件事当作日常的习惯。现在对我来说，随手一写就能写30篇，每篇在1 000字左右，跟玩儿似的。另外，我还写近20个专栏，其中包括台湾的媒体，1年正常的专栏稿费收入大概是25万元。

我曾经跟全国大学生说过：“你们坚持写博客，天天写，写满1年。到毕业的时候，你要是找不着工作，我负责给你一个工作。”我面对的是超过100万个大学生，目前只有5个大学生达到了这个目标，而其中有4

个人说："袁老师，我不需要你给找工作。"一年博客写下来，无论是坚持的意志，还是表达能力，这些都帮助了他们，让他们找个工作跟玩儿似的那么轻松。只有1个同学现在在我们公司工作。我们团队公认他有一个特点，说的任何事立马能写一个汇报提纲。今天的大学生，跟着老板出去开会随手就能写一个纪要或备忘录，靠这个能耐就能轻轻松松找份工作，这是一个技能。开始的时候，你要努力克服一下，但是形成习惯之后，它就成了你的技能。任何行动只要形成习惯，就是技能。所以，要学会专注于一件事情，这值得同学们在大学的时候去尝试。

很多人在没有专心做事情之前，可能有很多泛泛的想法、泛泛的知识，但要真正做成事情则需要具体的想法、具体的知识，与具体的人合作，找到具体的机会。也就是说，做事情就做具体的事情，能不能做成事情与能不能专注在一件具体的事情上有关。我有一些朋友，想创业而没有具体的创业点，那么创业的可能性就很小；我也有一些朋友，以为自己很有知识与学问，但没有具体的技能，所以很难做成一件具体的事情。

一个人，如果专注在一件事情上，也许在开始的时候不那么成熟，反复操练多次以后就会成熟了；也许开始的时候定位不准，但是不断调整，就有很大的可能性调到一个合适的点上；也许开始的时候还有不少不切实际的想法，但在经验与教训的不断积累中，就会慢慢找到做事情的分寸。否则我们很容易不断漂移，或继续狂想，或避重就轻，最后随着时间的流逝，我们等待的穿透效应也不会出现。

说到专注，经常有年轻朋友问我，在通识与专注之间到底怎么选择呢？我的意见是，除了少数人一开始就长期保持着某种特殊的专门爱好以外，对于大部分人来说首先要让自己的知识面开阔一些、见识多一些、体验的事物多一些，然后在其中感受与选择，慢慢找到某些相对集中的爱好点，作为自己专注的对象。即使专注了，也不妨碍你有更多的见识，只是这个时候见识与其他方面的资源更多地用在集中地支持专注的事物，从而为自己最终的突破提供资源与力量。因此，**无知的专注与任意的转移，都不是好模式。在有见识的基础上建立的专注，则为真正的成就提供了极大的成功概率。**

汉庭连锁酒店CEO季琦在《一辈子的事业：我的创业非传奇》一书中宣称，他终于找到了可以做一辈子的事情，就是他现在做的酒店业。一个人发现了自己的一个落点，宣称是他的终身事业，说明他对那个点有感觉。而当一个人对某个点有感觉的时候，他所用的心思、搜集的资料、汇集的资源、拥有的人脉都会集中在这个焦点上，因此他会做出不那么聚焦的人没有的行为，也会说出没有感觉的人没有的话语与信息。所以我说，季琦是否是一个管理高手还有待验证，但作为一个创业高手我是佩服的。这么聪明的一个人，刻意、认真地要在这上面投入，如果做出超越常规的经验与模式，是不会让我感到奇怪的。

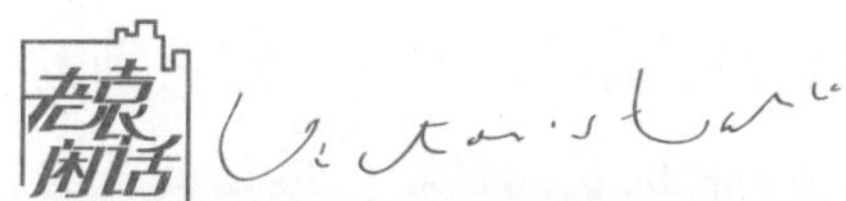

◆ 真正不得了的人才，并不需要不得了的做大事的能力。大家在日常生活与学习中锻炼眼力和手力，逐渐累积起来就是伟大的能力，就有我们说的各类事业家的成就。

◆ 人类一思考，上帝就发笑。我们只要留心就会在世界中发现更多的与我们相关的机会和事情，就把客观的世界变成了我们主观的见识。但这样还不够，因为我们要把见识形成我们的行动方案，整合条件，然后动手去做，而且还要在做的时候不断去反思、完善。

把自己的天分保持下去

小时候，我生活在农村，家里有很多小孩。那时，我老是想，如果我能成为正常的城镇居民就好了。为什么呢？因为我发现一个农村出来的人，连小工厂里的人都看不起你。我们那个地方有一个上海农场，里面住的都是一些劳改犯。但是就连这些劳改犯也看不上我们，都觉得比我们高一等，因为他们是上海的劳改犯，而我们是江北人。从小我就知道我们是社会底层的人，我一定要出人头地。在我小的时候，这种出人头地的想法非常强烈。

起初我一直想当作家，于是我从7岁开始天天写日记，一直写到24岁。我的写作能力是从小练出来的。我上小学的时候，我写的作文就已经给初中学生当范文了；到初中的时候，就已经给高中学生当范文了；到了高中的时候呢，老师就让我批作文了。这是我成长的过程。但是高考的时候，我没有表现好，所以没敢报中文系，而是报了法律系。

慢慢长大以后，除了当作家以外，我还开始想做国家领导人。这跟我看的第一本小说《封神榜》有关。大家知道，《封神榜》里神神怪怪的东西很多，而我那个时代的人看的都是革命书。《封神榜》是一种文化书，是我偷偷从“坏分子”家里拿出来看的。读了《封神榜》以后，我深受刺激，老是想一些神神怪怪的东西，丰富了自己的想象力。

我是一个独立精神非常强的人，我要去实现我想实现的东西。在这一点上，从小我爸就劝我也没有把我劝服，打我也没有把我打服……不过我遇到的老师大都是鼓励我的。比如，我上初中的时候，有老师说我化学、物理考这么差，将来肯定没出息。但是，我的语文老师跟我说：“你别听他们的，你光靠语文，将来就比他们有出息。”

在我人生的每个阶段都有鼓励我的人，所以我就会坚持把我的长项、我的天分一直保持下去。文字表达一直是我最突出的长项，而口头表达一直到大学之前，都不是我的长项。到大学以后，我专门组织了一个南京大学学生演讲协会，才开始操练说话。那个时候练多了，也就练出来了。

我在学校里发起了很多学生社团，也参与了很多学生社团，成了学校学生会主席兼宣传部部长、大学生报主编、学生通讯社社长。我创建了南京大学学生演讲协会、南京大学百科知识爱好者协会，还是我们法律系的团总支副书记，当然还是很多民间组织的诗社社员、舞蹈爱好者会员等。基本上我感兴趣的都会先掺和进去，不行再退出来，而不是在一旁想啊想的。不用想，主要靠行动。

我在学校里虽然学习不是很认真，但我的成绩很好，而且我读了很多书。不管是专业的还是非专业的，课内的还是课外的，我都读。我还非常认真地锻炼身体。我觉得，天将降大任于斯人也，必先劳其筋骨，“累”其体肤，所以我坚持锻炼身体。我今天能做很多的事，很重要的一个原因就是我的身体很好，精力旺盛。基本上，我是文武双全，全面发展。

在社会上，我做了一件很重要的事：每个暑假都做社会调查。我在本科的时候一共写过8份社会调查报告给团委、系团总支等组织。所以做社会调查，对我来说是一个比较熟练的事。这也是为什么我后来开了一个这样的公司。我想了想，除了写东西，我最喜欢和最擅长的就是做社会调查。同时，社会调查做完了也要写一份报告，这对我来说构成的是一个自己熟练的工作体系，既是自己擅长的，也是自己能控制的、属于自己技能范围之内的。

◆ 有些人有秀发也有秀思，有些人有光头也有光彩，但不是所有的长发都识短，也不是所有的光头都智慧。朋友，接受现状，放松心态，努力创造未来！

◆ 我喜欢照相。不谦虚地说，我的摄影构图还不错。如果有人和我合影，我的招牌微笑发自内心，大家也蛮喜欢。但是我发现周围的很多朋友喜欢照相，但是从来不讲究照相的门道，就像很多人不讲究说话、写字的门道一样。其实用点儿心，我们就会做得更好。

个人魅力的内核

有读MBA的同学请我说说领导人的个人魅力与领导能力之间的关系。这是一个老话题，也是一个新话题，常有人说，又常说常新。在我看来，个人魅力有四个基本来源，也许不可同时具备，但必有其中一二。

一是个人热爱产生的感染力。热爱引发的专注、投入、迷恋与奉献，能让我们看到人对某件事情由衷地展现出的神采。这种神采不一定只是语言，也可以是因为热爱而产生的表情和动作，它可以让习惯了平庸与没有爱好者羡慕，而在这个意义上形成的凝聚力与特长，才会更具有魅力。

二是真诚产生的刺激力。很多人习惯了圆滑与没有棱角，尤其是丧失了真诚表达与担当的能力，因而，那些敢于直面问题与勇于承担责任的人，往往能让我们这些世俗的庸人汗颜。这就是魅力：为什么我们明知正确却不敢做，而他敢做？

三是新知识产生的启发力。先知总是走在我们的前面，他们告诉我们的东西往往是我们没想到的，或者跟我们想象的不一样，或者经由事实印证了他们说的多么有价值，所以有远见者总能让人钦佩与仰慕。

四是沟通中产生的通情力。乐于沟通与善于沟通，会使得有些话特别能引起我们的共鸣，而且直接切中我们内心隐秘的心动。这是一种很特别的被打动的感觉。他是他，但是他非常了解我，甚至比我还明白我。

事实上，一个人真正的魅力也不只是其中的一项，积累得越多，魅力就越大。“魅”是未显之力，这并不是肤浅地指人俊朗的相貌。如果帅哥美女有这四项里面的一二，就太有杀伤力了。

个人以为，领导者的魅力不等同于领导的能力。很有个人魅力的领导可能不是一个好的领导者，因为前者可以带有很个体的成分，而后者则意味着一种能力。很多大公司的老总个人魅力很有限，而很多很有个人魅力的人也许仅仅是艺术家或者专栏作家。但是，有些元素也比较明显，就是个人魅力可以创造出让人甘愿追随的领导能力，它也可以放大领导能力，甚至还可以在关键时刻成为领导者争取更多群众资源与关键人才的利器。

个人魅力也可以妨碍领导能力，尤其是在组织要求与个人魅力的指向有矛盾的时候，比如，个人魅力会导致组织过度依赖个人。有时，个人魅力创造的粉丝效应会让追随者产生过高的期望。从这个意义上来说，个人魅力在需要被维护的同时，也需要被管理，需要在特殊的场景下使用，否则也可能成为组织潜在的危机。对于有魅力的人来说，也须常常提醒自己，避免自恋情怀与自以为是的心理。

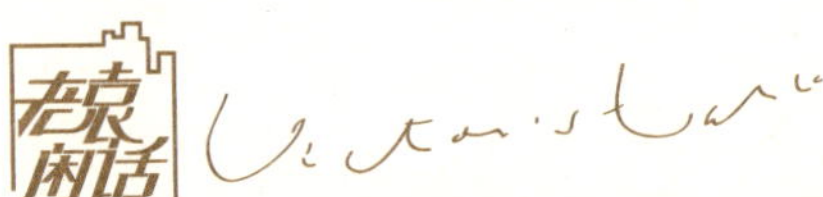

◆ 过去你可以没有个人魅力，但是现在个人魅力越来越重要了，只会读稿子、坐主席台、讲套话的领导越来越被大家鄙视了。八股文、主席台脸、标准照、念报告越来越有讽刺漫画的味道了。

生命长青，好玩至上

很多媒体问我：“你的生产力那么强，干的事情那么杂，很多事情还做得那么有模有样，最重要的经验是什么？”我告诉他们，因为我从小爱玩，我父母那时候天天打我也没有把我打服帖，我还是钻研怎样躲开父母的监控，玩成我想玩的东西，所以我始终保留着从小到大一贯的创造性思维与行动模式。**人的成长固然有父母的教养与学校的教育，但如果只有这些教养与教育，一个人就不是他自己了。**我有那么多兄弟姐妹，在几乎同样的父母教养模式与学校教育模式下个体差异却非常大，原因就在于大家保全了自己的个性。

我说的玩，有五个层次。

一是孩子的玩。孩子就是会玩的人，而家长与老师就是想让孩子变成不玩的乖孩子。一个孩子会玩，还能在正规教育里马马虎虎过得去是最好的；只会守大人的规矩而不会玩的孩子就成了废孩子。玩才是孩子的本质、天分、快乐与基础，在玩里是有思维、探究、投入与行动技能的。没有了玩，其实孩子的想象力与创造性基本就处在低级状态，就算装满了学问，这个孩子也很可能丧失了属于自己的可爱与天性。

二是业余爱好的玩。在慢慢长大的过程中，我们需要寻找满足自己成功需要的那个专门投入点。有了这个点，其他的一些我们曾经接触的见识、小特长与爱好可能就退而成为业余爱好。有没有这样的爱好可玩，决定了我们能不能有效地转移一下压力，拥有一点儿平衡单一挫折感的资源，以及交往另外一些朋友的途径与积极消耗时间的娱乐技术。有一点儿业余爱好也同样会为我们增加不少的魅力，如果你什么也不会玩，就会显得无聊、枯燥、呆板。

三是专业的玩。有人在一个领域比其他人更有耐心、更能积累、更加用心琢磨，到后来就会比那些浮光掠影的人在处理事情的能力上更显得轻松，这就是累积的效果。我们今天看别人“玩儿似的”，其实是因为他们曾经有不同寻常的投入。其实在很多职业中，有些人只是因为混日子或者找口饭吃稀里糊涂进来的，这些人一辈子很难真正专业，也很难达到玩的境界。恰恰是热爱某些事情、超然投入其中的人，即使面对很大的挑战还是有迎接挑战的精神，做了超过常人的事情还自得其乐，我们就常被他们的工作热情所感动。到后来，恰是这样的人能在很多复杂的事情上表现得如履平地、举重若轻。

四是玩儿似的专业。我们很多人做事情一板一眼，按照领导要求的做，按照手册上说的做，按照勤奋加班的方式去做。这些做法的特点就是把专业的事情做得更单一、枯燥、刻板，而玩儿似的专业看起来没花太多的时间，但可能交往更广的人、增加更多的见识、尝试另类的渠道、探索多元的经验，他们跳出了盒子做事情，给人的感觉是他们似乎没对自己该做的事情那么尽心尽力，然而他们可能用比别人更少的时间、更新的方法、更有意思的模式达到了解决问题的目的，因此很多时候看他们解决问题就“跟玩儿似的”，让很多自以为待在专业圈里的人很郁闷。

五是后成功期的玩。这类人在事业与生活上达到一定层次以后，就开始思考自己那么辛苦、认真、严肃地为人做事是不是有点对不起自己的人生，因而去寻求玩的项目与趣味。今天，很多富人群体与企业家群体在高尔夫、游艇、美食会所、特殊旅游、公益、宗教中找到的就是类似的东西，他们在做这些事情的时候或认真或随意，但给一般人的感觉是他们离开自己正经的事业开始玩了。

我觉得我自己在所有这些“玩”上都沾了一点儿，而且就我玩的性质而言，有玩熟练项目的（比如麻将），也有玩创新项目的（比如恶心惩罚）；有群体性玩的（比如派对），也有独玩的（比如看恐怖片）；有原创玩的（比如符号测试法），也有模仿玩的（比如三国杀）；有领导人玩的（比如做自助游领队），也有被人带着玩的（比如跟团）；有可重复玩的（比如真心话大冒险），也有一次性玩的（比如临时编的笑话）；有消磨性玩的（比如21点），也有刺激性玩的（比如单身去贫民窟）；有国际性玩的（比如全球旅行），也有本地性玩的（比如寻找本地新的好餐厅）；有专业性玩的（比如天天写博客），也有业余性玩的（比如主持节目）；有当事情玩的（比如写专栏），也有当公益玩的（比如去大学演讲）。

我觉得玩的精髓在于对脑细胞的挑战，既然玩了，大家追求的关键就变成了好玩。可以说，今天这个社会真正好玩的东西太少了，连相声都说不笑大家了，所以会玩而且玩好就成了非常珍贵的资源。好的事情多得很，好玩的事情有限；好的专业也不少，好玩的专业很少；好的单位多得很，好玩的单位不是很多。我甚至说，**你是一个好人并没有多么了不起，你要是一个好玩的人就真是很了不起了，而你要是一个说话、做事、为人都很好玩的人，那你将是伟大的领导**。我们可得珍惜孩子玩的能力，多给自己点儿机会去学玩而且玩好。生不息玩不止，生命长青，好玩至上。

◆ 据说，八卦有利于卸压，而且能够激发普通人的生活兴趣，因此八卦的女性总是比那些很正经的男性长寿。我们知道很多八卦是不靠谱的，但不靠谱也很有价值啊！所以呢，很多时候放松一点儿、从容一点儿，其实没什么大不了的。

◆ 我是微博控，那是我表达与交流的一种形式。我欢迎朋友们关注我的微博，我也关注那些具有微博控特征的朋友的微博。有人说，关注那么多看得过来吗？关注很多人只是页面滚动的信息更多、更新，并不需要每个人的每条信息都看。既然做了博主，就要做一个光荣的微博控，这就是我的观念。

◆ 老有人问我，你用那么多时间刷屏还能干正经事啊？我觉得不冲突，既可以碎着玩玩，还可以搞搞业务、招聘、传播啊……碎片化不是新鲜事，问题是以前碎片没地方用啊，现在有微博、微信、QQ啊，有社交网、电商网啊，如果你有碎片时间还不碎片用，那你就out啦！

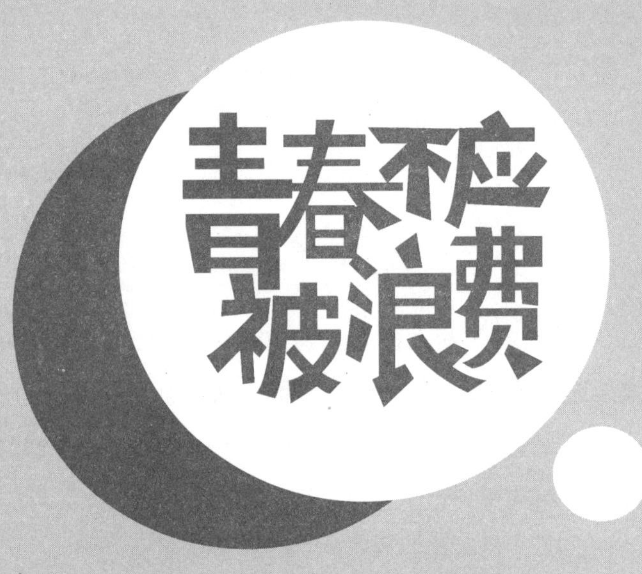
青春不应被浪费

2 社会就这样，和虚伪没关系

◆ 人与人之间的交往在于平衡，而不是功利。交易并不可耻，只要是公平的交易，那就是光明正大的。

◆ 问题在于如何管理陌生人，才能既减少陌生人的不确定性让我们产生的畏惧，又施以适当的选择，最终把陌生人巨大的社会资本能量释放在我们可以借助的领域中。

◆ 朴素的领导力包括三个部分：一是积极地做事情；二是积极地做自己热爱的事情；三是能与多少有点儿不喜欢的人一起做自己喜欢的事情。

有格调地与人沟通

在从朴素的自我走向职业化的过程中，我们在职业技能方面有很多需要留心的地方，也许是一种有格调的沟通与说话的方式，也许是一种衣着与举止的方式，也许是我们与朋友相处时的一种规则。并不是说，我们以前在自己的家庭与环境中形成了什么样，就可以简单地传延下去，而是需要有一定的敏感，这样才能提高适应性。当然，自我提升是一个过程，但只要多留心一点点，我们就可能会形成一些新的习惯与行为模式。

首先，说话别带刺儿。

说话除了表面直接的意思之外，如果包含着另外一层情绪性的负面意思，而且还隐藏着，那就是我们说的“刺儿”了。我有一位朋友，经常在不爽的时候，采用一些不直接表达但旁人稍微留心就能发现藏在其中的“刺儿”。最典型的“刺儿”有哪些呢？比如，大家在说一件事情时都很热烈地讨论着，他突然来一句：“讨论什么呀，就听×××的呗，这不就简单了吗？我们没什么好说的，你们定了我们就执行呗，反正我们说什么都是白说。”

再比如，需要别人帮忙，但是别人觉得帮这个忙怎么着也得请相关人吃个饭什么的，所以希望他请个客，他就不高兴了，直接来那么一句：“算啦算啦，这事情就不说了，我认倒霉就行了。我就知道，什么朋友不朋友的，都一回事，没白做朋友的。”别人很可能就听得脸上白一阵红一阵的。

又比如，你本来要提一个意见，但又不想直接提，就先从数落别人的事情开始，这个事情也不好，那个事情也不好，说到后来人家急了，就来一句：“那你说吧，你说怎么弄。我就不信还有什么意见比这个更高明。”

其实，说话带刺儿的现象还蛮多的。在我看来，这是很多朋友长期以来的一种说话习惯。这种说话的方式不见得有多大恶意，但是它不符合直接沟通的特点，往往具有激发别人的情绪、把问题复杂化甚至恶化人际关系的后果。在朋友之间，老是说话带刺儿就让人觉得不诚心，算计太多，透着心眼；在不是很有交情的人之间，开始人家不会很明白、很确定，等确定了意思，人家只会觉得你不是一个与人为善的主儿；在心思简单的人（现在年轻一代中这样的人挺多）中，带刺儿的话不容易被理解；在心眼较多的人中，你话中的刺儿可能会引出更多的他话中的刺儿。

说话带刺儿，多少有点儿不成熟与孩子气，但是用在严肃的场合中，人们又不会像对待孩子那样去善意接受，因此它导致的不好的理解就会比较多。带刺儿的话是导致沟通复杂与困难的一种类型，绝不是一个好的沟通模式，尤其不适合在职场上使用，更不合适在管理者与领导者中间使用。

其次，把话说明白。

科学松鼠会的专家写的科普文章就不会那么“专”，很容易让人明白；我大学本科时期的周元伯教授讲课有很多案例，一样也很容易明白；国家领导人如毛泽东、邓小平等，他们的发言也非常通俗易懂。但是，今天有很多专家、学者、领导或者一个单位的管理者、工程师，他们的特点就是将很容易的事情说得不明白，或者一件事情没说的时候大家还明白一点儿，说完了大家却更不明白了。严重者，有人能生生把大家讲到睡着；更有甚者，讲话时听众很少有不睡觉的。明白之道和不明白之道的区别到底在哪儿呢？都是讲话，怎么有的人讲话就那么难让大家明白呢？或者说，怎么有的人总是不能把道理讲明白呢？

有一个朋友看我经常读小说，就问我："小说又不是真的知识，有什么好看的？"我想，不同的人对这个问题会有不同的回答，我的回答是："小说的线路多采用叙述式、场景式、戏剧式，符合吸引注意力、说明道理、演绎生活逻辑的需要，所以容易明白也容易体会。""明"与"白"这两个字，本身就可以让人想象这是一种比较清晰、透明的状态，不深厚也不冗余。

对经验中的说话、讲理的明白之道做一个分析，大致包括：一是纯粹说道理或是找话题，这里的话题就是有趣味性的切入点，一件事情的要点林林总总，面面俱到可能面面不到，而从有趣味的地方说起，更可能先吸引大家的注意力，再让大家究细节。二是打比方，每个人的生活经历不同，在讲一个领域的知识时，如果能用听众在他们领域里熟悉的典故与经验来做比喻，那么人们就更容易明白，这也是孔子、耶稣讲道理的时候采用的方式。三是用讲故事的方式，包括案例、历史故事、典型人物故事等。故事与道理的不同在于它是由时间、地点、情节、角色等构成的一个有声有色的场景，场景非常适合听的人去想象与模拟，因此更容易让人领会。四是问答化，把冗长的道理用自问自答或者设问争答的方式来处理，这样比较容易把话题口头化，也比较容易引起大家的注意，甚至能激发大家的参与积极性。

这些明白之道就是一些技能，如果我们能注意联系，实际上谁都能做到甚至做好。但是，我们之所以不容易讲明白，一来要么是因为我们的讲话模式是一种封闭体系，要么是我们的讲话就是一个要完成的任务，不需要在乎其他人明不明白，也不用去征询大家明白与否，要么就是其他人习惯性地假装明白了，使我们对观众的反应不再敏感；二是我们自己长期浸染在一种知识与信息中，觉得一切都是很明白的，但是我们缺乏对于他人的认识，不能体会其他人在他们的领域与角度中对于我们熟悉事物的理解困难，而这种困难在专业化时代是普遍存在的；三是我们把工作与语言的重心放在不少实质性的事情上，往往对沟通本身的技能重视不够。就像做领导或者做领导讲话之前，人们很少训练讲话的规则与技能，很多说话者的地位很高，但就其面对公众讲话的技能而言，其实是很幼稚、粗浅的。不训则朴，不得专业的技能，即使个人很着意地想表达好，也难以避免一些业余的沟通误区。

再次，知道怎么问更重要。

很多年轻朋友怕自己知识少、见识少，被其他人耻笑。的确，这个世界上有很多知识与见识比我们广的人，不管我们怎么努力，要做到在知识与见识上比其他人都强是很难的。但是，如果我们会提问，那么我们就会知道，其他人的知识与见识可以用很巧妙的方法为我们所知、为我们所用。在这个意义上，知道答案的关键在于会提问，提问比答案来得更重要。这里我给年轻朋友提供一些提问的基本技巧，供大家与其他人互动的时候参考。

——**从小处开始问起**。我们从小的地方寻找切入点，留意一个范围、一个事件中的小的特别处或者一个小地方的问题，便于让大家说，也有话说。实际上，很多大事情往往在小的地方才有遗漏点，才让我们的谈话有由头，而几个小问题连起来就是一个大问题了。

——**重视事实**。有些年轻朋友乐于向别人发表自己的主观见解，尤其在对事实没有很多了解的情况下。因此，在此之前多花时间去了解来龙去脉，比直接发表意见更好，而且最好能从不同的角度了解一件事情的事实信息，避免偏听偏信，在充分掌握事实的基础上再谨慎发表评论。

——**请教含义解读**。一个事实也可以有不同角度的解读，不同经验的人完全可能有不同的看法与判断。所以我们在有了对事实的初步掌握后，也要请教别人的看法，或者把我们的看法说出来请别人指正，这些都是有礼且对自己有帮助的做法。

——**使用开放而不是“是非”的提问法**。不要问别人“是不是”、“对不对”、“会不会”，而是问别人“是什么”、“怎么样”，这种开放式提问能使别人有更多故事性与细节性的表述。

——**使用间接的提问法**。做些前期研究，先了解一件事情可能的逻辑要素有哪些，然后围绕这些要素提问题。比如，不要直接问别人支持不支持你，而是把自己关心的一些主要事情列出来，看他们对这些事情的看法与自己是否一致。

——**从关联处寻找缺口**。研究我们的访问对象所关心的问题点，当我们一开始就提到对方说过的话、做过的事情、关心的政策的时候，更能让对方积极表达出相关的信息。

——**使用追问策略**。在其他人对我们的回答中可找到四个追问点：追问他引用的某个概念的定义或者意思；追问他说的某个判断的理由；追问他说的某个现象的例证；追问他说的几件不同事情之间的联系。人们会觉得自己有道义和责任把自己的意思说清楚。

——**最有力的提问**。温和微笑并平视提问对象，倾听答案的时候继续保持如此姿态。我们可以用眼神与表情表现出赞赏、困惑和追究。当我们的全部肢体语言都参与提问的时候，会表现得非常生动而且有力，带领人们与我们一起互动。

——**经常锻炼**。提问的时候不能自卑、不能高傲、不能结巴、不能过度表述意见。怎么做到这几点呢？这就需要经常提问，并且在提问的实践中不断反思与总结，也让自己的朋友与周围的人，甚至访问对象来帮助自己提出需要注意的地方，改善自己的提问风格。熟能生巧，每个人都能做到。

◆ 社会上有的人很懂得跟人家交际沟通。在碰到风投的时候，有一个在电梯里30秒钟的demo（展示）法，就是在30秒内如果说清楚你在做什么东西，就有机会；如果说不清楚就pass掉。从demo的角度来说，很多同学一定会被淘汰，原因在于我们平时不练这个。

◆ 很多培训是严肃的，但我们可添点儿活泼；很多道理是死板的，但我们可带点儿趣味。一些人怨天尤人又一动不动，别人怎么做都被抨击。在他们眼里，其他人都像坏人，其实是他们自己心里有太多负面的毒素。我们走过的地方，如可能请带去我们的真心，如可能请奉献一点儿我们的资源，最起码应带给别人微笑和赞许！

小孩也要懂社交

读《逻辑人生——哥德尔传》，我们可以看到在数学与逻辑学上成就卓著的哥氏，在与人交往上却有着巨大的障碍。尽管有人说这种障碍可能影响了他更多的产出，但我觉得也许这种障碍正是他心无旁骛、产出巨大的重要原因。他对于自己所研究的事物是如此关注，以至于不以通常的人情世故为念了。看到哥德尔的样子，我想起了已故的中国著名数学家陈景润先生，尽管他本人是成就卓著的数学大家，但在生活知识与社交常规上就与常人差距挺大。这样的情况不只体现在他们两位身上，我发现不少在技术、学问、知识上表现突出的人，似乎都在与人交往上缺乏常人的热情，也缺少很多交往的常识。

大家知道，我非常倡导年轻人注重社会实践、参与社会活动、重视社会交往、知晓人情世故。有人说，这些名家、大家也不是那么懂得人情世故，我们常人为何要有通晓的必要呢？问题恰恰出在常人与名家的区别上。

这些名家往往有一个自己专门的爱好，持之以恒、不屈不挠、专心致志、聚精会神地追求在这个领域中的成就，也因为这种追求，普通人很在乎的生活待遇、日常得失，可能根本不在他们的考虑范围之内；唯因其专注，才有其产出，才有其在产出过程中只事专业、不全人情；不过，也因为他们的专注与产出，他们的不全人情才能被人谅解，尽管那些与他们真有往来的人也不免抱怨。

而常人则相反，往往没有明确的爱好，没有专注的投入，没有勤奋的领域，也没有特长的产出，而这样的状况也导致我们成为生活中的普通人。这样的普通人如果还没有一点儿与人交往的明智与知礼，至少让人觉得“你人还不错”，那就没有什么让大家接受与认可的理由了。

人非圣贤，孰能无过。在这个世界上，断不可能人人都成为完美的人，因此面面俱到者固然值得欣赏，但我们接触到的更现实的人总是有所长、有所短。以这样的标准来划分，我们生活中可能有下面六类人：一是专业无所长，人品、待人无所长的人；二是专业无所长，人品、待人尚可的人；三是专业有可称道的地方，人品、待人无所长的人；四是专业与人品都还不错的人；五是专业有杰出之处，而人品、待人很一般的人；六是专业与人品都非常杰出的人。前面所说的那些大家属于第五类，当然也有一些大家属于第六类，而我们自己与朋友属于第几类呢？对于那些属于第一类、第三类的朋友，在人情世故上就需要加油了。

现在有很多大学生，没有社会朋友，也没有社交经验，还没有社交的勇气，虽然已经20出头了，在社交上的情商与经验不过是四五岁或者七八岁的孩子。而对于现在很多四五岁或者七八岁的孩子来说，他们正处在形成人格与对世界的基本态度的关键时期，在社交上得到的辅导与帮助是不够的。因此，他们从小就埋下了社交恐惧与社交无能的病根，而且这病根注定有一天是要爆发出来的。

在我们今天的教育模式中，意识形态与死板知识正在替代方法论与社会生活技能。若回归到方法论，我们遇到的教育中的一大半问题完全可能得到解决，而且我们在寻找方法论的基础上完全可能有很多新的发现与突破，问题在于这是不是能够成为教育机构与教育者努力的方向。

仅仅把通过考试放在教育者的任务中做死板的工作，不仅会把自己做得半死不活，还会把很多孩子累垮。

尤其是“50后”、“60后”，这两代人总体来说不是社交敏感型群体，而“50后”尤其严重。因此，他们对孩子的社交发展给予的重视程度是远远不够的。在孩子的成长中，家长决策与封闭管理用得太多，而孩子的自我社会见识与人脉发展能力弱化，导致孩子在职业发展与社交应对上出现严重的心理纠结现象。

我们可以看到，这样的结果就是现在的“80后”、“90后”在社交中存在着以下8种明显的偏差：一是普遍恐惧与陌生人交往，希望在一切被准备好的情况下去接触安全的新关系；二是社交中缺少对于人情世故的认知与社交技巧，社会行为具有明显的生涩性；三是主观上拒绝认可社交的价值，把社交看成非主流的末技，虽有不足而偏不去补足；四是在社会关系结构中缺乏明确的主张与坚持的能力，在强势人物与社会结构中多采用避让与跳离的方式；五是想象得多而行动得少，在迟疑中丧失了很多本来可以获得的交往机会；六是更多线上交流关系，较少线下社交关系，经受实际社会活动检验的条件比较薄弱；七是个人承诺能力较弱，不容易构建宽幅、持久的组织性社会关系；八是容易为家长与组织中权威人物限定的社交交往范围与模式所左右，被动交往色彩很明显。

因此，对于年轻朋友我有以下8个发展社交能力的策略建议：一是多参与外部论坛、讲座，现场结识那些爱学习的朋友，尤其注意带名片、换名片；二是积极参与公益与志愿者活动，在公益服务中结识其他朋友；三是积极参与社团和组织活动，在群体活动中获得规模化的社交机会；四是不只注重考试与一般的学校工作要求，也要学习周围社交达人的社交经验，尝试一些新的社交方法，比如聚餐、群体约定与朋友的朋友一起活动、发起与组织兴趣小组等；五是通过实习或者社会调查等活动结识社会兼职范围中的准同事，发展社会上的人脉圈；六是培养一些专长性的项目，参与专业圈子的活动，结识专业领域内的朋友；七是丰富话题表达能力，在自己出行的场合结识周围本来陌生的朋友；八是锻炼在公众场合表达的能力，争取在多人场合的表现与沟通机会。

让自己变成一个社交能力不断增长又受人欢迎的人是有方法的：一是多读书长见识，经常能为其他人提供好的知识性帮助，同时有建设性地加入别人话题的能力；二是熟悉与敏感人情世故，知道适当地使用礼貌、坚持或令人意外的交往策略；三是能经常先行投入，让其他人感觉到对你欠有些许人情；四是成为组织与活动中的积极分子，以自己的积极服务与行动，让其他人认同你的品格、能力与价值；五是懂得为做成有价值的事情需要容纳不同意见，总能努力地在自己有些不喜欢的人身上找到可以学习的地方；六是与人分享自己最喜欢的好东西，甚至有的时候因此而吃了点儿亏；七是在不需要利用人的时候与人有交情，经常为别人做一点儿不大但有心的事情，整合朋友的力量造福第三者而不为自己的私事；八是既有同龄的朋友还要有忘年交，有同行的朋友还有其他行业的朋友。

◆ 老鹰等到小鹰差不多孵出来的时候，就用脚把小鹰踢下悬崖，所以悬崖下面有很多摔死的小鹰，只有那个能扑腾起来的小鹰才能活着。因为在所有的小鹰里面，只有那只飞得最棒、飞得最快的小鹰才能拥有未来。

测测自己的社交水平

社交是我们生活中一项重要的内容，我们要重视并面对它，学习并提升它，利用并改善它。下面让我们来测一下自己的社交水平。

对大部分即将走上社会的人来说，社会关系非常重要。但是，很多时候我们不知道自己的社会关系到底有多少以及如何衡量社会关系的质量。以下我提出18个问题，大家可以自测并衡量一下自己的社交水平。

· 你认识多少个除校园同学与家庭亲友以外的社会上的人？所谓“认识”，在这里是指能说得上话、必要时可以向其寻求帮助的人。

· 在你所交往的社会关系中，他们所从事的职业岗位是什么？有多少人是做领导、老师或者人缘很好的？

· 你与社会上的朋友经常保持接触吗，尤其是在不需要别人办事的时候？你会有意识地去主动询问与关心别人的需要吗？你觉得你的朋友很帮你的忙吗？

· 你有多少个年龄比自己大10岁以上或比自己小5岁以下的朋友？你的朋友是不是都是同龄人？

· 你通常从哪些途径认识人？最重要的渠道是什么？你会经常挖掘一些新的社交渠道吗？你觉得你只需与自己专业或者职业领域的人交往吗？

·你会主动和陌生人说话吗？通常你用什么话题引起对话？你会担心别人不理会你吗？如果别人真的不理会你，你会怎么办？

·你可能因为某种原因接触了一个陌生人，有了初步的交往，你会用什么方法进行后续的交往，让他成为你社会网络中相对稳定的成员？

·你内心渴望参加有陌生人的集体活动吗？准备参与这样的活动时心理感受是怎么样的？

·你在一群认识不久的朋友中，通常是能找到赞扬每个人的机会，还是表现自己的机会，又或是指导甚至批评大家的机会？

·陌生人的相貌对于你来说是吸引你交往的主要动力吗？遇到相貌一般甚至不好的人，你会如何反应？

·成为你朋友的人通常是与你个性接近还是互补的？你通常要花很长时间才能了解对方的个性与品行吗？

·有不少人很有能力或者知识，但可能是你表面上不喜欢的人，你会如何与这样的人相处？

·你最擅长什么样的聊天话题？你懂得怎么样与不是很熟的人在一起时把话题引到自己擅长的话题上吗？如果别人擅长的话题你不是很懂，你会用什么样的态度来对待？

·你会担心自己在与陌生人交往的时候碰到色狼、骗子或者某种坏人吗？这种担心你是如何解决的？

·遇到陌生的异性与自己主动打招呼的时候，你会如何反应？你会把对方想成什么样的人？你会主动与陌生的异性打招呼吗？你在打招呼时的行为表现有何特点？

·你会主动去接触和学习一些社交知识与技能吗？抑或你还有

一些社交的榜样或者导师？

· 你相信社交能力本身只能在社交中培养，或在积极社交中因有心留意和经常总结而得到提升吗？你也真的是这样做的吗？

· 你是相信人际交往在于积极尝试，任何经验都是财富，还是相信人际交往应该谨慎防范，过于积极的社交得不偿失？

这些问题没有完全的对错答案，但是不同答案显示了我们社交能力与模式的差异、社交水平的高低以及利用社会资本的能力。我们可以以此测量自己的社交状况，也可以了解朋友的社交状况。

◆ “80后”闯荡江湖的成功要素：别把自己当“80后”。在见识广、有想象力之外，多一点点勤劳、多一点点胆识、多一点点耐心、多一点点人情世故，都能让你在“80后”中脱颖而出。

让自己做灰姑娘

灰姑娘争取到机会参加王子的舞会，引起了王子的注意，匆忙离开后丢下了水晶鞋；王子就找啊找啊，最后找到了灰姑娘家；坏心的后妈让自己的亲生女儿去试鞋，而王子最后找到了合脚的鞋子主人——灰姑娘。这个故事很多人都知道，但我试图从社交角度来分析其中所含有的若干常规社交技术：

——**社交主动性与积极性**。试想，如果灰姑娘只是在家宅着，这故事就绝没有下文。在社交中主动与积极的姿态是非常重要的，但这并不是说直接冲向自己的目标，而是冲向核心目标所在的场合。

——**群体是更好的社交场所**。能进入某些圈子，社交就不是问题。舞会派对的特点是更具有聚集性与群体性，人们有更大的选择空间去进行匹配转换，也有更多的可能性去施展社交技巧，而且混在人群中也可减少某些潜在的社交尴尬。

——**容貌与装束要足够特别**。这样灰姑娘才能在众多佳丽中得到王子的青睐。第一眼与第一印象特别重要，这意味着我们不能容许自己朴素与一贯的自然形象，还要考虑一些特别的装束。

——**被动检索**。主动参与、引起注意力后，再形成被检索的局面是一种最佳的价值表现状态。一旦形成被动搜索，就意味着被检索者处在比较主动的要价或者要求位置上，也处在更为核心的接受与拒绝的主动位置上。

——**提供合理的后续交往借口**。在这里，水晶鞋作为一个有形的线索与追索理由，成为这个社交故事得以延续的关键。希望大家在参与社交的时候经常带上一些可以假装“丢失”的东西。

——**检索要有点儿过程甚至波折，轻易获得的社交成果不如有点儿磨难后得到的珍贵**。在检索与发现过程中形成的时间、财务和感情成本，均会附加在最终获得的交往对象身上而导致其升值。

——**专注寻找终能成就好事**。这个故事里面的双方均有意向，而且目标非常明确，所以过程虽有波折但结果成了浪漫的素材。当然，如果一头热，没完没了地去折腾别人就成了花痴骚扰、自找没趣了。

话说剩男剩女的问题当然有复杂的社会原因，而如果从社交技巧上来说，必然是在上面这样一个故事呈现的分析中有一两个甚至几个关键技术上的缺失。大家不妨回想灰姑娘的故事，寻找自己社交技术上的改进点。

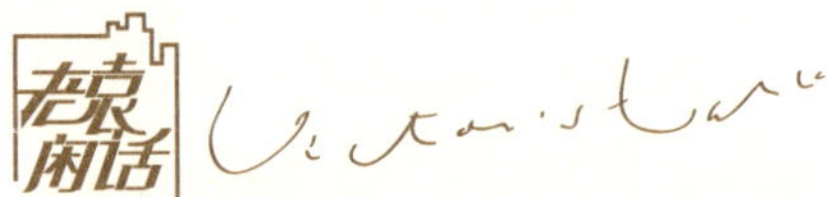

◆ 不同人的生活方式有很大的差别，也许有的人是要整天耳鬓厮磨、朝夕相处的，也有人是可以同进同出、行止相随的，还有人是可以天各一方、偶尔见面的。在生活中，有人是分别得很清的，也有人是混同的，甚至是交织的。其实，每个人本来就不一样，找到属于自己的那个型号就对了。

第一印象，至少管用两三年

第一眼在新加坡的朋友聚会上见到赵薇，她就给我一种普通人家媳妇的感觉，以后在其他地方看到她，我的感觉也是最初那个感觉的变异；第一眼看到英国女王时，她居然是在自己开的一辆车里，这种印象让我特别能体会英国官方文化与我们的差异；第一眼在哈佛校园看到曾荫权，以后他给我的就是一种校友的感觉；第一次见到蔡文胜，听他说网络界的来龙去脉，才认识到他是这个江湖里面真正的行家。

名人是这样，普通人也是这样，一个国家与一个地方也可能以某种形式给我们留下长期的第一印象。一个普通同事与朋友给人的第一眼印象也是很长久的，很多时候我们要改变给人们的第一眼印象，往往要花很长的时间。

同学们总会离开学校到职业岗位上去。其实在你第一次实习的时候，别人就会看出来，你就像参军的新兵一样。因此，在各个方面，人家看你都不顺眼。当然，也不要有挫折感，这都是正常的。我们在进入一个新的领域时，总会有一个适应的过程。所以，当你第二次再去实习的时候，人们对你的感觉就会比第一次要好得多。当你第三次去实习的时候，人家甚至会在把你跟自己单位的一些新同事做比较时感觉到："唉，这个同学怎么就那么懂事呢？他怎么做事就那么到位呢？"而等你正式工作的时候，也就相当于第四次去接触一个职业岗位的时候，人们对你的第一印象就会非常好。

一般来说，一个单位不会对实习生要求太严格，也不会跟实习生很较真，但是一旦你成为一名正式成员，即使是一个新职员，人们对你也会较真。而这个较真很重要，比如你的直接主管或公司老板，如果他对你的第一印象是："这个孩子很懂事！"另外，他觉得你做事的时候很留意、很勤奋，这个第一印象至少管用两三年。但是，如果他对你的第一印象是："这个孩子好像悟性很差呀，都反应不过来啊。"或者"不太懂事"，同样也会影响你很长时间。即使你不是这样的人，你要想改变这种印象，难度也非常大。

在职场中，是存在职业竞争的。**同一批进来的人当中，第一印象好的人获得提升机会至少会比第一印象不好的人早8个月**。也就是说，获得同样的提升机会，第一印象不好的人相当于多工作了8个月。比如，3年之后，一个“80后”还在岗位上挣扎着，“90后”就进来了，而那个第一印象很好的“90后”搞不好再过两年，就成了“80后”的经理。

在黑苹果青年动员活动中，我们强调大家去实习、去做志愿活动、去兼职、去接受社会服务的挑战或者去做社会公益。这些活动能让大家学到社会知识，获得个人职业体验，结交社会人脉，丰富对社会场景的掌握与反应能力。另外一个极其重要的原因就是，大家可以在前面这些实验性的、尝试性的、学习性的场合中了解社会的期待与规则，然后建立预前的适应与反应能力，以便在后来的正式职业场合与社会交往场合中，看起来比其他人更加符合多数人对那个特定场合的期待。

比如，大部分年轻学生按照自己的个人喜好着装，而这样的着装风格，很难让你在出席老总允许你参加的招待场合时令人满意。你甚至会对着装规则上写的那句“请着礼服出席”的要求摸不到头脑，因为你从来没有礼服，也没听人跟你说过礼服，那么你留给其他人的第一印象就好不了。而如果你曾经实习过，也许在第一次、第二次实习中让人觉得你是一个愣头青，但是两次下来，到你正式就职的地方，人们对你第一印象中的认同度与肯定度就会高很多。

第一印象实际上是可以管理的，而且还可以管理好。它的管理要点就是：首先，适当了解要对自己形成第一印象的人的特点与背景，甚至同那些有与其接触经验的人沟通，这样你就有了针对性的预期与准备的可能；其次，对第一印象发生场合的规则与最佳做法有了解，社会知识通常以场景来分布，而且对于这些场景知识，很多人虽无成文教材可提供但均有适当的实际经验，只要不耻下问，就不难获得；最后，就是要适当地操练，因为你的不知当然可能会给别人留下一个茫然无措的印象，即使你知道了但不操练，那种从容、老练、自然的印象也不是一下子就可以有的，所以必须尽量操练。

下面是24个职业小问题，很多问题就是最起码的基本问题。这些问题做好了不能保障你有好的职业发展，但如果没做好则会受到同事与领导的恶评。

· 对新单位你会说“我们公司”，还是会说“公司”，又或是说“你们公司”？

· 进公司后，你知道怎么称呼你们单位的老总吗？

· 第一天上班应该穿什么？

· 作为一个工作人员，接电话的说话方式与自己个人以往的说话方式有什么不同？

· 你觉得作为一个新职员应该印名片吗？

· 在新人介绍会上，你会怎么介绍自己的特长？

· 你会主动与老同事搭话，还是等他们主动与你打招呼？

· 作为新同事，对办公室里有人不讲卫生、走时不关灯等不好行为如何应对？

· 你知道起草文件的基本格式吗？

· 起草文件用什么样的纸张？

· 文件的订书钉应该钉在什么位置？

· 你会做PPT吗？

· 如果你有自己的手提电脑，上班的时候可以用自己的电脑吗？

· 领导让你把今天的谈话写个纪要，你知道怎么写吗？

· 20个单位报来情况，要列个表达到一目了然的目的，你知道怎么列吗？

·领导让你订个餐馆，你知道本地有多少个合适的餐馆吗？

·你考虑过在其他人面前发言时如何形成自己的表达特点吗？

·开个小工作会，你会做5分钟小结吗？

·不喜欢领导的一些做法，你要如何与领导沟通？

·领导长得很胖，你怎样描述他的体形？

·不满意同事的做法，你如何向领导反映？

·你如何向领导毛遂自荐？

·你如何向领导询问自己的奖金与待遇水平？

·在一个薪资不公开的单位，有同事想和你交流薪资信息，你怎样处理？

这些内容有的你在单位里会得到培训，如果你在校时就解决了，那么一进入单位就能得到好感。在这些东西上多用点儿时间，多半会让你得到满意的结果。动点儿脑筋，花点儿功夫吧。

◆ 那些第一眼就让你觉得靠谱的人，后来证明不一定靠谱；但是那些第一眼就让你觉得不靠谱的人，后来证明确实不太靠谱。在某种程度上，相信我们第一眼的怀疑能力。因此，要为这样的怀疑多做点儿尽职的调查。

◆ 即使你不是服务人员，在朋友或者同事有客人来的时候主动倒水，会让朋友与同事很有面子，也会让客人觉得你的朋友与同事很有威望。这会让你的朋友与同事特别感谢你的姿态。

人际关系本身就是交易

社交是在一个特殊的社会场景中的交往，因此我们所谓的社交技能就是涉及时间、地点、内容主题、接触方法、维持方法与互动技能等方面的问题。

说到时间，我们总是觉得社交的时间很少，但同时我们在假期中浪费的时间又很多。当然，我们会经常权衡应该把时间放在哪里，衡量社交场合的价值，衡量特定的社交活动与当前从事的工作与学习之间的关系与重要性，然后做适当的安排。

说到地点，我们有很多适合进行社交的场所，如公益活动、论坛活动、志愿者活动等，这些活动公开、安全并且开放。

在接触方法上，主动提供帮助、积极发名片、热情服务而同时用好奇的方式多发问，这些都可以让我们由一个纯粹的陌生人切入到向熟人转化的可能性过程。

社交可以从道德、人品、个性的层面去做探讨，但是探讨到最后，很多人觉得自己去社交不是没有道理的。我在这里提出的社交无关道德、无关人品、无关个性，与之最有关的是技能，正如驾车无关道德、无关人品、无关个性，而是技能一样。

我们的一辈子很长，经历的事情也会很多。**我们在社交中，往往会感受到这个社会的温暖与幸福，以及自己生活在友善与正面之中，而要**

获得这样的价值的关键是掌握社交技能。这些技能很大一部分是我们在交往中能从别人那里自然获得的，正如只要我们经常下水扑腾，就可以自然学会游泳技能一样。

有一个政府招商部门的领导分享他的招商经验。他说，对于那些大公司的领导，最重要的是与那些领导的秘书和助理结交，必要的时候可以在那些领导出行的时候订同一个航班的头等舱机票。这个时间点往往是最好的交往机会。在头等舱里，人们对周围的人不太有戒心，而且连网也不能上，人们会感觉无聊，因此聊天的可能性很大。当然，如果事前做点儿功课，知道这个领导喜欢的话题与兴趣点，那就能达到更好的效果。这个招商部门领导的留心与琢磨，让他培养出了一个接触技能的模式，这是很可取的。

要与人进行社交，就要研究人们所在的行业、单位，还有与其相关的信息。这样，在我们社交开始及其过程中，就有适当的交流话题可以选择，尤其是有让其他人觉得能与你共享的话题。不熟悉对方的领域而去积极熟悉，这给了我们极大的扩展知识面的机会与压力。

社交最终总会多多少少对我们有所帮助。我们在得到帮助之前，帮助对方或者动员对方一起帮助其他人，才是积累友谊并且在未来得到对方自然帮助的关键。这叫作“先行投入”与“为第三人投入”的技术。

其实，任何人际交往本身就是交易。如果你不是只用短期功利的态度，在交往中就不会让人感到你这个人很可恶。在现实之中，并没有人明确说自己现在开始交一个交易性的朋友。实际上，父母和孩子之间也有这样一种关系，但是父母肯定不会说今天养孩子就是为了以后换点儿东西。

人们在跟你交往的时候，重视的是你有什么可以交易的，并不会因为你想做交易就对你的态度很恶劣。**人与人之间的交往在于平衡，而不是功利。所谓功利也是客观的。交易并不可耻，只要是公平的交易，就是光明正大的。**

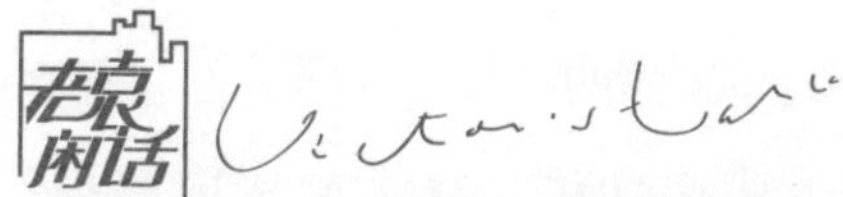

◆ 人在做事行动之后，有坦诚实在的指正者，还有披肝沥胆的建议者，都是非常难得的。如果你有点儿地位与名望，依然还能有人愿意指正你、帮助你，那真的是难得的变得不糊涂的重要条件。

你都不去结交，谁会主动理你

社交是需要勇气的。我们今天的社会生活已跟以往不一样，没有主动社交的能力是不行的。资源都是竞争过来的，你都不去结交，谁会主动理你呀！所以，一定要积极争取。积极争取实际上是一种习惯，厚着脸皮争取习惯了，到后来再做什么事情你就会马上做出反应。比如要发言的时候会主动举手，这就是一种主动的反应。你不能被动地等着别人喊你来发言，而要主动。主动争取以后，资源会越来越多。资源只有这么多，而等到有一天需要的时候，往往就是这些资源在起作用。所以，平时我们就要注意这些资源，要习惯争取。

在很多时候，我们可能有一件事想了不做，也可能做了以后再想，还为此纠结。现在的大学生最缺乏的是主动。其实，我们结交的每个人都有用，今天没用，也许明天就有用呢。这些都是很诚实的表现，但是我相信大部分人不会这样想。所谓的朋友就是搭理两天不搭理三天，某天朋友突然给你发信息了，你就会想："什么意思啊？他是不是想从我这里拿走什么东西呀？"你要是真的碰到这样的人，他不过是小人心态，不交也罢。无论如何，我觉得你要大胆地行动，行动太少了，这样一个好朋友都没有。还没做呢，就担心这个，担心那个，这样是找不到朋友的。我认为必须行动，尤其是对小伙子、男性、男人来说。

另外，**我们在社会交往中，要多想、多为对方创造条件。作为一个年轻人，我们可以创造很多价值**。在社会上，作为一个生意人或者一个商人，有些时候请人吃饭、参加宴会，这个时候你跟人交往，无非就是对他有需要。如果你每次都请他帮忙，就是在消费他，只会让他觉得跟你交往会花钱。但是，如果你每次都先给他一点儿小东西，他就会觉得至少该回馈给你一点儿什么。所以说，**你有价值创造，才有价值交换的条件。当每一个人都有这个思想的时候，就符合了个人魅力的一个核心元素——自身主义**。自身主义就是站在对方的角度，想想自己可以为他做一些什么，这个时候人的价值就产生了。

比方说，你看到一个美女。美女的魅力就是长得好看，但是这个魅力持续的时间特别短。而一个普通的女孩子，你开始可能觉得她长得不怎么好看，第一感觉不是美女，但是相处时间长了，你会发现这个人真的挺好的。所以，创造价值是人际关系得以深化、维持，以及相互提供价值的前提。

最后，要给自己找一个进入社会、结交朋友的切入点。比方说，做一个公益项目或公益组织。先做一件事情，然后借这件事情成长起来。

往往我们对社会有的见识，不是抽象的见识，而是在参与进去某一件事情后得到一个机会表现出来的具体见识。比如，我们的概念汽车设计活动，只要在比赛中得到名次的同学，至少有9家汽车公司会找他。从这里可以看出，你要折腾一些事情，社会才会认识你。你要琢磨的是，作为一个大学生，除了上课之外，能想到折腾一件什么事情。

前段时间，我收到浙江嘉兴学院一个学生发来的信息。她的爱心社是专门关心残疾儿童的社团，每年都要筹集4 000元钱。她是原来的社长，现在已经是大四毕业生了，她说接下来的同学都不知道怎样去筹钱，她觉得作为一个社长要尽最后的努力，帮助他们筹集完这笔钱之后再离开。这个女生是学习护理专业的，长得不是很好看，个子比较矮，特别胖。一般来说，这样的孩子找到工作是很难的。但是，她毕业后竟然很容易就找到工作了，原因在于谁和她接触后都会觉得这个孩子很有爱心，而且很懂事。她和别人接触一回就知道该干什么好，而且还能让人觉得她的热情无法阻挡。她在爱心社工作时积累的东西成了她的财富。

所以说，现在的大学生像中学生那样只上课是不行的。我们要给自己找事情做，通过做事情去认识社会、拥有社会的人脉，通过做事情让人们认识你、让社会的人脉接触到你。所以，今天的同学们，能耐强一点儿的要主动去做事，能耐弱一点儿的也要积极参与进去。让人们看到自己的潜力，让人们愿意与一个有潜力、有成长的人才做朋友，我觉得这是一件很美好的事情。

对于场面交往，我给大家7点小提示。

——**不需要自卑，但需要谦虚**。眼睛可以看着对方，主动询问对方的名字，介绍自己的工作，请教对方的工作领域，邀请对方介绍自己最核心的工作点，感谢对方施教。

——**穿着干净整洁，适当修饰**。可以有一点点独特的形象设计，让别人在人群中能够注意到你，甚至那点儿形象设计就是别人与你搭话的由头，并且微笑着接受别人的提问。

——**总是带着你的名片**。通常带着10张左右的名片是必要的，因为给人名片是最简单也是最不会尴尬的认识陌生人的方法。如果在名片上有意识地设计点儿东西，那就可以成为你与别人开始沟通的良好开端。

——**对参加的活动与场合背景有所掌握**。要对自己可以介绍给他人的专业背景、工作内容与兴趣点有所准备，因为人们期待与有职业热爱、有事业重心和有趣味的人打交道。

——**找到赞美社交对象的点**。比如，称赞别人的发式、衣着、眼睛、声音、专业、母校、发言内容、单位等，当你送出赞美的时候，往往会得到热烈的回应，而付出的代价并不昂贵。

——**不要试图推销什么，而要试图学习什么**。在场面上看到的人、事、话题都可以向别人礼貌请教，你也可以适当分享你的一些感受。如果在其专长的领域，陌生人的请教会激发他的赋予愿望。

——**在场面上，即使看到再好吃的东西也要注意吃相**，即使遇到从没见过的东西也不要少见多怪，显出吃惊的样子。淡定很重要。

老泉闲话

◆ 即使面对的不是大人物，我们也要用请教的态度与口吻而不是傲慢的姿态与他们说话，因为人不可貌相，很多实用的良师益友往往存在于不起眼的生活与工作中。

经营自己的独立人脉

现在几乎做所有的事情都需要人脉。以银行柜员为例，需要拉储户，而其本质就是社会人脉，就是社交！很多人都说，人脉我不行，因为我爸不行、我妈不行、我姨不行、我舅不行……我谁谁谁都不行，怎么能建立人脉？我这里说的人脉，是你的独立人脉。

以一个普通的银行柜员为例，一年要拉多少储蓄呢？正常情况下是3 000万元左右。我在微博上认识了一个粉丝，她从澳大利亚回来，让我很佩服。按理说，她在国内的人脉肯定不行。她现在在某银行浙江某支行当客户经理，一年拉了4亿元的储蓄。我觉得这个人挺牛的，得见见。

正好我在做飞马旅，扶持服务业和创业企业，在浙江有一个创业企业专门做农村休闲酒店。我去见我们的创业企业老总时，顺便就一起见了她。结果没几分钟，她就拉着那位老总的手过来了。她跟人家说："我觉得我们应该合作。"老总说："合作嘛……有很多银行要跟我们合作的。"意思是要稍微有点儿门槛。于是她问："你们是干吗的？"老总说："我们是干休闲酒店的。"她说："好，我给我妈买个卡行吗？"其实这个卡只花了四五千元。买完卡之后，她说："我买你的卡，你把钱存我们那儿。"人家就存了。她的反应非常快，只要是个关系就可以联系上，只要是个菜就到菜篮子去，就这么简单。

后来，她手下招了好几个刚刚毕业的学生。一次，她跟我抱怨：

“现在的‘90后’咋回事儿？脑子都反应不过来。”我问：“怎么了？”她说：“让她干什么事儿，找人找不到，办事办不了。”我问：“那为什么？”她说：“就是因为他们都是年轻人。”我说：“很对，年轻人都是这样的。”这挺有意思的，银行在招人的时候要找专业对口的，所以招来的都是学金融的，结果反而都是反应不过来的。为什么呢？因为他们要干的那个事儿不是他们学过的！就算考试考得再好，还是反应不过来。考试考得好，不就是一个标准答案嘛，但是你不知道下一个和你吃饭的客户会是做什么的。这个人是创业的，另外一个人是开煤矿的，对不同的人，与之说话的方法可能都不一样。对我们来说，最大的考验是：如何建立自己的独立人脉？

你以为父母的人脉真的能帮你成事吗？社会关系有一种缩小效应。实际上，在所有的社会关系中，社会上传统使用的方法是，父母用他们所谓的人脉为子女安排的时候，都是用他们能够得着的第一级，也就是他们的下一级来安排。如果依赖祖荫的庇护，后辈只会抽手，抽到最后就没用了。

其实，建立独立的人脉也没有那么困难，通常只要你能合群，人们就会与你进行最低限度的交易和合作。比如，有很多人本来就想买一份保险，而你正好又是做保险的，就不要使劲地推销。先花50万元读个EMBA，然后把这个班上的同学都发展成你的客户。这样，先投入，就会有产出。

先行投入是需要有支付的，这就是为什么在美国教育中，大家在孩子很小的时候就让他去做公益。这真的是要孩子以后做一个专业公益人士吗？不是的。那些孩子后来多半没有专职做公益，但是公益让他们懂得了先行投入，而先行投入就能建立自己独立的社会关系。比如，到了一个地方，你能主动关心别人。

上次我们有一个关注弱势群体的黑苹果聚会，有人问我：“袁老师，我最近又没有工作了，我该怎么办？”我说：“请帮助其他人。”另一人问：“袁老师，最近我失恋了，怎么办？”我说：“请帮助其他人。”再有一人，他问：“袁老师，我觉得我身体不是很好，你说我怎么办？”我说：“请帮助其他人。”他们就说：“哎哟，袁老师，你怎么老让我们帮助其他人呢？我们已经很弱势了。”如果你在很弱势的时候还能帮助其他人，你就能感动别人。

《圣经》里讲了，一个贫困的妇人把她仅有的4个小铜板都捐出来了，她的爱心就比其他人都大。以爱的力量来说，这个妇人的力量比拿出很多钱来的人力量要大。

我们说话的时候，有的人用耳朵听，有的人却是用心听。要知道，感动人的事情不是很多，我们被感动的机会也不是很多，但是一个人的先行投入就能感动人。哪怕大家一起出去，吃饭的时候，你抢着掏钱请客；或者你回家以后带了好吃的东西，分给大家一起尝尝。不要自己一边说好吃，一边还一个人吃，其他同学就可能在心里说：“噎死你！”古人有句话说：“千夫所指，无疾而终。”就是被诅咒的。

相反，如果所有人都祝福你，情况就大不一样了。比如说哪怕今天你一人发了一颗花生米，特好吃，就吃了一颗，他都会记得你请他吃的花生米。只要是吃了的人，在被先行给予之后就会产生社会债务心理，这就是我们常说的“吃人家的嘴软”。在社会上，你帮了人家一下，表示了一下善意，人家自然就会有社会债务心理。这种心理就会让人们想要回报你，而且这个回报的方式是很奇妙的，他有什么，就会把自己的资源用特别低廉的成本给你。

比如，一个开餐厅的老板很迷周杰伦，正好你有两张周杰伦演唱会的票，但是突然你另有安排，这两张票就用不到了，于是把票送给了那个餐厅老板。他的反应是什么？“以后把哥这儿当食堂，想吃就吃，想喝就喝，你给钱我跟你急。”这就有一个特点，**你把自己的资源给别人的时候，别人会用很低的成本把自己的资源回报给你，这就叫资源差调。当人们先行给予的时候，就会得到很多的帮助。**

我经常这样做。我在做飞马旅之前，基本都是干公益的，我经常给同学们开讲座，但不收出场费。正常发展的话，10多年以后，同学们中间有的人当银行行长了，再遇到的时候会说：“袁老师，15年前我听了你一节课。”这个时候，万一你有个单子，就会自然而然地优先给我，这就是长线交易。如果说，今天我到一个学校去演讲，跟书记要出场费，讲价还价，最后以7 000元成交。学生就会说：“你知道吗？袁老师给我们讲课还收钱，半天的出场费居然要7 000元。到我们学校一回，还要拔完毛才放手，真是的！”听到这样的话，同学们就不会产生太多的兴奋感。

所以，先行投入也有很多的表现机会。我们说的公益，就是一种个人的文化和素养。公益的本质就是帮助其他人，为大家好。其实，这个好到最后也是对你自己好，因为你有可能借此建立独立的社会关系。就像前面讲的那位同学，她买了一张别人的卡，然后别人把钱存在她那里，这就实现了一个交易。这就是独立的社会关系。

我们在社会关系很单薄的时候需要建立人脉，当我们有了一些人脉的时候，是不是可以随时支用呢？比如，你认识王石，是不是就可以随时请他出席活动，或者要求他为你买的万科的房子打折呢？你的父母是领导，你是不是就可以让他们的下属为你做任何事情呢？

总体来说，我是一个建立人脉远远多过支用人脉的人。很多认识的朋友经常跟我说，有事情吱一声。但我基本上相信做事情要靠自己的努力，能不找人就尽量不找人。原则上，我找人帮忙就是这样四种情况：一是到一个人生地不熟的地方，找人一起吃个饭熟悉下情况；二是受人之托一起约个朋友吃个饭，这个托也必须是非常要好的朋友或者老同学之类的人；三是业务经营或者项目工作中遇到有人找碴儿，不找个朋友会受很大的委屈，也正好有朋友是比较熟的，可以打个招呼；四是有亲友必须找专家治疗的情况。

以下几种情况是很多人通常找人，而我不会去做的：一是托人进学校或者找工作，尤其是看不出孩子有什么能耐，只是凭点儿关系愣找关系；二是托人拿项目或者找业务；三是为了得到社会名位而去请托朋友打招呼；四是为亲友违法犯罪的事情去请托放水。**人在什么情况下都去用人脉，就会让自己的朋友承担沉重的负担，因此人需要有一些原则，作为自己使用人脉的约束与规矩。**

当然，人脉当用还是得用。有人甚至说，人脉好像雨水，不用也就过去了。以下有一些使用人脉的规则供大家参考：

一是使用人脉应该注意要适当回报，有些人从不帮人，但是要人帮助的时候就让人挺尴尬的。人情讲究来往，不能一味索取，也不能过度不平衡地使用人脉。

二是使用人脉的时候要注意留下一定的空间，即使是朋友，也没有帮助你的绝对义务。因此我们应让别人在方便或者不很麻烦的情况下帮助我们，这是一个礼仪，也是一个合理得到帮助的诀窍。

三是要注意平时没有利害关系时的交往与助人，这样我们就有了在必要之时支取人脉的自然条件，甚至有点儿事情人家要争着帮你点儿忙。所谓“有者不难，难者没有”的道理就在这里。

四是使用人脉要心怀感恩，即使以前你帮过别人，也永远要用感恩的心去对待你的人脉。

五是体谅朋友的难处，如果一时半会儿朋友帮不上你，也要安然对待，还要感谢别人。长此以往，累积得到帮助的态势，别人才觉得以后应该特别帮你一回。

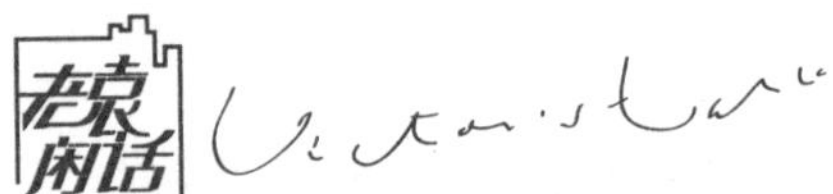

◆ 我们在这个世界上，不只是代表个体，也不只是处于一个场景中。再风光的人也有没落的一天，再牛的人一生总有需要一些帮忙的地方。我们总让人家吃亏，总要人家付出，那么我们不仅不能为自己在其他场景里的困境提供一个预付的缓解机会，也不能让与你相关的人受益于你的德行。

◆ 今天的所谓企业责任概念，不包括为了自己的原则与价值要适当地认罚、认错与牺牲的考虑。只思进取不思保守，只思夺取不思分享，只思好处不思后果，我们发展的校友、朋友、战友关系，很大一部分是用来为自己遮掩责任、徇私枉法，这使得我们的进取行为更具投机性与掠夺性。

通过公益积累社会人脉

在我们所有的社会行为中，最容易累积自己的社会人脉、接近社会上的其他人，还可以使自己增加社会经验的一条最快捷的路径，就是公益。所以，我鼓励大家去做公益。公益的好处是什么呢？它是最容易进入的新社会关系。因为公益是帮普通人、陌生人，在参与这些社会实践行为的时候，你认识的第一个人就是你的同事。而你做志愿者，还会有一些人是你的受助者，这样你就会有一重新的社会关系。

当然，有人会问："我去创业行不行？"在创业中经营独立的人脉有难度。因为创业的时候，人们要求的是平等交易，就是说你让别人出了这么多钱，你的产品或服务跟市场上的其他产品或服务是不是一样好呢？这个门槛要高一些。相对来讲，做公益，做志愿服务、社会服务，门槛要低一些。过去你本来就没有太多的独立人脉，所以要从较低的门槛开始，建立你的独立人脉。

如果你在大一的时候，就去做电子商务，可能遇到的最大问题是什么？就是你可能连市场都看不懂，不知道通过什么方式跟人们说话，也不认识社会上的什么人，甚至就连在供应链中找到一个商品都很难。因为这个时候，你基本上还不大有社会阅历。一个人具有什么样的社会阅历最容易被大家认可呢？就是从公益开始。

如果你去做一点儿公益，就算这个活干得不怎么好，人家也不会责怪你。比如说，有一个孤寡老人，没有人说话，你去陪人家说话。就算你故事讲得不怎么好，老太太也不会责怪你，还会说这小孩不错，还愿意抽点儿时间陪老人家说说话，而且还让人觉得挺有意思的。人们都会原谅你。而你在做这个公益的过程中，会跟不同的人打交道，跟不同的做公益的人士交往，这可以给你积累一定的社会人脉，让你培养与社会交往的基础能力。

创业是什么？如果我们抛开做生意这件事情，创业是五个关键能力的组合。也就是说，**这五个能力组合在一起，就可以创业了。第一个是身体好；第二个是认识陌生人的能力强；第三个是有一定的领导能力；第四个是找到一个简单的、可以做的事情；第五个是讨价还价的时候脸不红，而且脸皮比较厚。**除了身体好这一项之外，其他的能力基本上都可以从公益中获得。

你整天帮你爸妈办事，这不叫公益；帮你老师办事，这也不叫公益。如果你今天帮了一个普通的、不认识的同学办事，这就算公益；如果你帮了街上一个不认识的老太太办事，这也叫公益。公益有一个很重要的特点，就是跟陌生人接触。同时，在很多时候，我们做公益，都不是一个人去做，而是四五个人一起来做，这样就培养了团队。在做公益活动的时候，你要找一些具体的事来做。比如抗震救灾，到底怎么救灾？于是，大家就要一起商量，到底选哪一样作为救灾的核心。最后决定：募集家庭急救包。

在做公益的时候，你有了一定的人脉积累，将来你再去做公益或者搞商业创业的时候，就有了基础的能力。这就是为什么大部分欧美学校，再好的大学在选拔以及评估一个学生时，都要以他在中学或者更小的时候是不是做过社会服务或者公益作为一个可以加分的记录，它的原理也是如此。

所以，希望大家不要简单地把公益和创业对立起来，也不用特别担心今天做了公益，将来就只能像苦逼似的，不挣钱，天天做帮人的事儿。不会的！一个人公益做得越多，他就越能够做大生意。这意味着他懂得怎么样去做一个具有规模化的人，知道怎么跟人打交道。这就是在公益中你会懂得的经验：跟自己没有直接利益相关的人，不是亲戚、不是朋友的人，怎么跟他打交道，怎么获得他的认可，怎么在跟他的交往中把自己的某一种服务推销给他。从这个角度来说，公益几乎是我们大部分人走向社会，实现自己将来更加中意的、更加具象的工作目标或者服务目标的第一步。它将是非常有力也非常厚实的第一步！

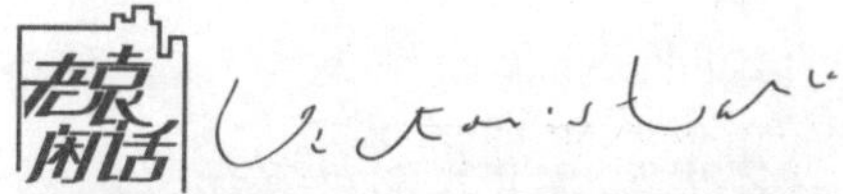

◆ 幸福管理的核心作用点：传统或者宗教信仰，通常产生的是欲望的节制机制；个人的社会联系模式，通常产生的是社会压力或者快乐的分担与分享机制；社会支持，尤其是公益支持，产生的是超越个人与小圈子的社会意义产生机制与问题缓解机制。

开发陌生人这座矿山

如果你创业成功，意味着你能在陌生人中很好地开发出客户、找到员工、得到广告受众的认可；如果你成功地得到一个理想的职位，大半是因为你在陌生的面试官前得到认可、在陌生的同事里得到肯定并且与陌生的服务对象打交道得心应手；生活幸福的人，很可能是在陌生人中见到了一个一见倾心而且成功追求的对象，或者去了一个想去而以前没去的陌生地方并认识了很多陌生文化中的人，或者与陌生而受人尊敬的人成了良师益友，或者在陌生的设施与服务场所得到了陌生的服务人员热情的服务。我甚至要说，**我们生活真正的质量与趣味来自陌生领域。**

尽管我们在外很期望回到熟悉的家人与亲友的环境中，但是如果一味在这样的环境里，不是意味着没有成熟，就是意味着习惯了无聊。

相比熟客，做陌生客人的生意更能公平地得到回报。熟人很可能吃垮你的餐厅。作为一个公务员，比起亲友来，在面对陌生人时你更能秉公执法；而面对亲友，你难免要徇私枉法几回。作为一个大夫或者资源拥有者，比起老朋友来，在面对陌生人时你更能公平分配资源并防止加塞儿。实际上，在陌生人面前，我们讲的几乎一切冠冕堂皇的道理才能更好地实施，尤其在这样一个熟人社会。我们对熟人的做法，也许按照文化的习惯自己感觉并没什么，比如照顾自己的亲友进公务员行列、优先给自己的孩子择校，但在陌生的公众中，我们就是千夫所指的坏人。

从某种程度上来说，少年的理想是以陌生人为背景来展开思路的，只是我们的环境中充满了“熟人才好”的习俗。熟人才好，往往包括了这样的一些规则：别和陌生人说话、社会好复杂、坏人太多、出门找亲友、有人好办事、朋友之间必须帮忙、在家靠父母出门靠朋友、兄弟之间有什么不能说的，等等。对于这些道理，我们已经习以为常了。按照完全的陌生人、知道却不熟的人、一面之交、泛泛之交、熟识者、好朋友、知心朋友或者至交，对于同一件事情我们会产生不同的判断标准与行为反应模式，这就是社会学家费孝通先生所称的中国人的“差序格局”心理。而在独生子女的条件下，父母会尽量地安排一切。在孩子的社会化程度降低的时候，熟人的负效应往往会增加。大家都陷入了一个怪圈：讨厌别人滥用熟人关系，自己却不亦乐乎地在滥用熟人关系。

其实，熟人之间没有什么好贪恋的，因为熟人之间可供交易的价值就那么多。跨国公司，尤其是美国的全球级公司，都是跨距离政府资源。事实上，我们绝大部分的所谓熟悉的社会关系本来都来自陌生人，只是因为一些可以让我们放松的机制，比如有熟人介绍在前、有单位或者部队这种建制设计在前、有某些让我们放心的公开保证在前。既然是陌生人，就有不确定性。我们的文化中有一种妖魔化陌生人的倾向，而且转化成更强的让年轻人恐惧陌生人、拒绝陌生人的倾向。**问题在于如何管理陌生人，才能既减少陌生人的不确定性让我们产生的畏惧，又施以适当的选择，最终把陌生人巨大的社会资本能量释放在我们可以借助的领域中。**

陌生人其实都是熟人，熟人原来都是陌生人。你的同学与室友原来和你不也是陌生人吗？甚至你爸爸妈妈原来也都是陌生人。重要的是要利用适当的机缘与机制，发掘与找到新的朋友，而关键在于以怎么样的方式结识。很多人都想找到新朋友，而且那些新朋友也是自己感兴趣的。当然，你的好相貌与气质对找到朋友有点儿帮助，但是人们在寻找朋友的时候，以下几样东西往往起到了关键作用。

一是身份具有某种关联兴趣，比如你所在的工作组织与单位让人们正好有事可聊；二是有某种自然的共同话题；三是有某些可以共同谈及的朋友。如果有了这几样背景，陌生人转化成熟人的可能性就非常大了。因此，我们平时需要在一份专业工作之外，稍微多参与一些公益或者协会之类的活动，这样我们的身份覆盖面、话题覆盖面与朋友覆盖面就扩大了，吸引力自然就增大了。从陌生变成熟悉，需要的其实是一个铺垫，这个铺垫的前提是你做了适当的准备。人在社会行动中的投入，都能变成交往中的社会资本。

我的一位朋友，老是抱怨自己的社会关系太少。我经常邀请他参与黑苹果活动或者其他产业活动，他又总是不愿意，宁愿与自己的几个老同学或者室友泡在一起。我问他是不是有一种社交恐惧，他承认是有点儿，反正总觉得不自然。我们在面对陌生人的时候会紧张，是因为陌生意味着某种不确定性——我们不知道此人的脾气、性格、爱好、身份、资源与交往意愿，即使我们知道对方很多的事，我们还是不确定他是否愿意与我们交往，尤其对方是一个名人的话。

我在《立体人脉》与《黑苹果》这两本书中教了大家很多在面对陌生人时可用的沟通技巧，但是所有的技巧都不如实践。社交就是一种实践智慧。多交往，以后在面对陌生人时，你的直觉就能告诉你，他大概有什么样的特点，他所说的东西是吹嘘的浮夸还是诚实的分享，他的身体语言显示他是在说谎还是很紧张。我们大致能确定，对某种类型的人使用什么样的沟通策略是最佳的。

在这样的掌控下，你就会变得从容、淡定，即使偶尔出点儿尴尬的情况也没什么。我们都是从年轻与没有经验的时期过来的，从自己的社交经验与教训中成长出来的做法，往往让我们觉得很自然、很舒服，尽管在开始的时候我们曾经历紧张、不舒服与尴尬，这就如同任何一种社会学习一样。

因此，将陌生人变成熟人的关键是行动。尽管不是所有的行动都会成功，但必定有些行动能成功。因为，必然有某些与我们趣味相投的朋友在等待我们去交往，我们也不需要把所有的陌生人都变成熟人，更不需要把所有人变成好朋友。我们以自己的行动实践去发展一定的人脉，这样就够了。不是朋友多就等于是好的，朋友也需要维护成本与付出交情。大胆地去与陌生人交往吧！虽然父母告诉你社会上有很多坏人，但我要告诉你的是，简单地就所谓的好人、坏人而论，熟人中的坏人并不比陌生人中的更少，就像陌生人中的好人并不比熟人中的更少一样。

都是陌生人，要怎么样才能与别人产生联系呢？你要是不好意思，总是担心万一被人家拒绝怎么办？其实，别人跟你又不认识，当然会拒绝你了。但是你知道吗？一个人不好意思拒绝别人三次。有一次，我去一所学校演讲，一个大一学生管我要了一张名片，然后就给我发短信，发完短信我没理；她又给我发，我还是不予理会；又给我发……发了七八回，后来再不理她我都不太好意思了，我就理了下她。人家还跟我说："我叫你大哥行不？"到现在她还叫我大哥。

然后，我还是不怎么理她，没多长时间她给我发来短信："大哥，我最近创业了。"过了一段时间以后又说："大哥，最近我创业失败了。"过了一段跟我说："大哥，我最近公益创业了。"过些时候说："大哥，我又失败了。"到了她大三的时候，她邀请我去他们学校："大哥，你再来我们学校一次吧！"我想一个人喊了我那么多回大哥，失败都好几次了，请我再去一次我能不去吗？于是我就又去了她学校一次。

所以说，陌生不陌生，就看尝试了几次，明白吗？两个人第一次见面，都是陌生的。要想混个脸熟，就要在别人边上晃，晃上四次就叫熟人了。其实就是这么简单。什么叫熟人，什么叫陌生人？就是一层纸的事儿，关键在于别太把自己当回事儿。本来就是陌生人，有什么丢脸的，即使丢脸，别人也不认识你。

像我们公司的访问员，有的时候敲人家门被拒绝一回，觉得心里受了很大的创伤。敲一回门被拒绝，这叫正常；敲一回门人家让你进屋了，这才叫不正常。这时，你要继续敲门，因为你不敲不正常。为什么呢？你是来干活的，又不是来找人的。心里受了创伤你有没有医治好呢？要再敲，就相当于医治自己的创伤。等人家再一回应，拒绝你很正常，不拒绝你也正常。如果你第三回敲，人家还拒绝你，这个人就不太正常。

明白这个道理以后，那些听过我演讲的同学再去做访问员的时候，都特有乐趣：我看看他拒不拒绝我。一敲门，被拒绝，哎呀，属于正常的，然后继续敲。所以真正跟人交往，要懂人到底是怎么回事，比如正常人就是刚才讲的那样，而不是我们想象的那样。

我们的社会是一个陌生人的社会，我们讲的人脉是指在陌生人中间开发资源的内部能力，而不是在熟人中间开发的能力。所以，我鼓励大家把名片当作股票，逢人就发名片。我给大家算一个公式：一个学期至少发出去100张名片，大约能换回来40张。然后，赶紧写一个信息："谢谢袁老师，今天晚上听你的演讲挺有意思的，下回有机会再见！"我说："好，再见。"

在这里向大家贡献扭生为熟的八大规则：

一是懂得对待陌生人的人情世故，礼貌对待所有的陌生人，不礼貌的人会被其他陌生人看成没教养者从而减少得到的机会。

二是在一个服务群体或者文化群体中认识陌生人，这样就有安全而且规模化的人际关系收益。

三是选择具有正面导向的场合，比如学术交流、行业沟通、公益动员、职业培训与学习项目，场合决定了绝大部分陌生人前来的动机与基本特质。

四是对陌生人有服务帮助之心而不是索取贪图之念，无欲则刚，舍而能得，如此则不会轻易上套。

五是增加在特定领域的专长，在擅长的领域增加社会交往的频率，实现专业知识积累与社会知识积累的双增长，陌生人的转熟就是在这个过程中自然实现的。

六是培养自己的公共沟通、公共表达能力，从而在与受众中的陌生人交往的时候就能具有某种先发优势，减轻自己主动交往陌生人时的窘迫心理。

七是准备好名片这样的交往工具，在与陌生人交往的场合中搜集尽可能多的背景信息。

八是注意自己的形象管理与行为素养管理，让人们保持对自己正面的第一印象。

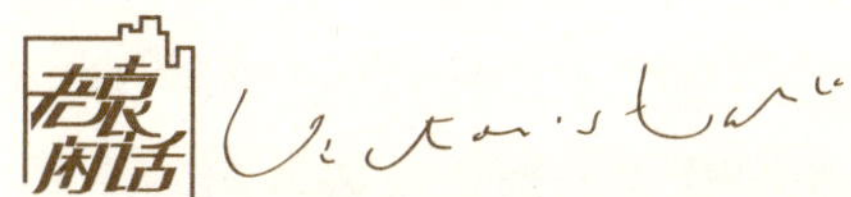

◆ 我们在世界上活着，能体会的事情是少的，但我们的脑细胞可以支持的认识能量是大的，而在书本与间接知识意义上认识的世界也是大的。我们往往可以在自己直接的社会经验里结识朋友，其实我们也可以在知识的世界里结识“思想上的朋友”。

在江湖，就得按江湖的规矩来

走江湖的人为什么是侠客？路见不平，拔刀相助！实际上，今天在江湖中，我们真正的社会地位、影响力都是由我们对待陌生人的态度决定的。没有哪个企业单靠自己的亲戚做生意。生意要做大，就要靠陌生人。就像可口可乐，有多少瓶可口可乐是给老总的家人喝的？生意做得好，业绩做得好，都要靠陌生人。

我们在与陌生人打交道的时候要采取什么态度呢？在江湖，我们就得按照江湖的规矩来。不要觉得认识陌生人非常难，最简单、最基本的方法就是厚脸皮。在这个世界，基本上超过90%的人只要坚持邀请3次，都能成功。

江湖人士懂得怎样推销东西。一个男同学去推销一个东西，拿着东西在想："我从来没有买过东西，也没有卖过东西，万一别人不理我怎么办？"本来他拿着一个挺好的产品，可一开始就像个贼似的，这样就很难把东西卖出去。其实卖东西很简单，就像开车一样，第一次不会，第二次就会了，关键是要多操练几次。第一次卖东西不会说，第二次会说："袁老师，想卖个东西给你。"第三次会说："袁老师，我现在来卖东西了。"第四次的时候会问："袁老师，买东西吗？"第五次的时候就会直接说："袁老师，给你介绍一个东西，你要不买会后悔的。"我不信，就会问："有什么东西我不买会后悔？我看看。"他说："那就给你看，其实一般人我都不给看。"这就是一个技能。它最早只是一个行动，你反复操练，最后就变成了技能。

这就是我们江湖上的规矩。江湖角色不分先定不先定，咱们都到抗战前线去，然后经过一个山路，前面被堵了，其他人都过不去，就你过去了，其他人就会说："这孩子厉害。"你立马就是一个向导了。这是在行动中产生的领导者。在江湖上，本来大家不认识你，谁知道你有什么功夫？碰到一帮黑社会，你两下把黑社会打趴下了，人家就会说你是救命恩人，你就是领导，这是在陌生人中产生的。

所以，将来在电子商务上做销售的时候，同样的东西你卖得多而他卖得少，或者你对客户的服务反应快而他的反应慢。大家都是面对着普通人，面对着海量的陌生网民，大家都要把东西卖出去，有人卖得好，有人卖得不好，这就是市场规则。

走向社会的时候，有些规则看起来很残酷、很严厉、很势利，我们虽然很不喜欢，但是陷在这样的规则里我们也身不由己。所以，让我们先心平气和地观察，再来决定我们的行动策略。

——**人往高处走，水往低处流**。人们都想靠近那些有资源的人，而那些有资源的人也只想与有资源的人交往，因此你要么得付出某些特殊的牺牲，要么得付出某些特殊的努力而得到别人的另眼相看。

——**墙倒众人推**。你倒霉的时候，愿意帮助你的人很有限，除非你在倒霉的时候还能很强大地去承受，而且不以倒霉为倒霉。常规表现者只能得到常规的结果，而超越常人的表现反而会得到格外的帮助。

——**自助者天助**。你有很多问题、很多需要、很多困难，但在你尽到本分之前，别人很少会真正向你伸出援手。

——**没有免费的午餐**。交易是人性的基本规则。人们为什么要给你特别的帮助呢？除非你有别人要的价值，不是今天就是明天，不是明天就是后天，不是物质的价值就是精神的或者道义的价值。

——**先管好自己的地盘**。身不正无以正人。很多时候我们说的道理都是对别人说的，自己很少实施；如果我们反过来做，那么对别人的说服力就强了很多，也能够率先垂范。

——**不要怪不借钱给你的人**。在你需要钱的时候，借给你钱的人属于特别慷慨的人，但是太多的人有过借了钱兄弟都没得做的经验，也遇到过很多借出钱的人比借钱的人还难受的情况。不要以为别人不借钱就真的不好，那是一个合理的反应。

——**自己委屈点儿才能畅快点儿**。你说别人时都很痛快，发泄起来很痛快，但是等到别人也这样做的时候，你就知道有多难受了。其实我们委屈是为了求全，有屈才有伸。

——**花花轿子人抬人**。我们给人家方便就是给自己方便，今天只是场面上给人帮个忙，以后你就有机会让人家还一个人情。如果你太势利了，不见兔子不撒鹰，你也同样得处处放血。

——**吃亏是福**。谁都不想吃亏在前，谁都想得好处在前，所以大多数人都在不给不失的状况下维持自己的局面，而只有先投入的、先舍弃的才能要求话语权。

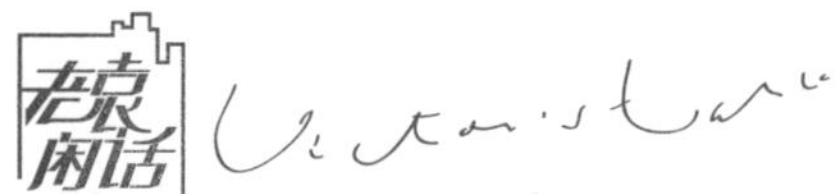

◆ 合规的关键在于我们自己是有规矩感的人，而这种规矩感的建立在于你有系统的信念与信仰。不管你虔诚地相信什么，有信念的人就比较有规矩，也比较可预期，做事情也比较有一致性。没有信仰，信用与稳定性都很难预期。

◆ 一代人有一代人解决问题的方式，即使当时不清晰，人们自会在纠结与危机中寻找解决问题的有效方式，而且一代人一代人地寻找，一定是可以找到的。所以，纠结感与危机感在这样的情形下可以看成社会进步的心理动力，没什么好怕的。

这才是真正的社会规则

我们的大学生与年轻人，但凡在江湖上有一些先得之见，都会对自己学习与融会贯通校园知识更有帮助，也能让我们更明白系统知识的重要性。江湖很开放，学习江湖知识不难，尤其是今天的江湖，更加丰富、动态，知识能量也更强。因此，江湖不拒绝校园。

我们所期待与需要的是一个与江湖相通的校园，是可以“走出去、拉进来”的校园。但是我们不能光期待体制，年轻人需要有个体的解决方案与决断，在这个基础上自助而后得人助。其实，社会还是爱惜那些有想法、有做法的青年才俊的，只要我们对江湖采取积极的姿态，江湖必会以积极的方式回应大家。这是一个残酷的江湖，也是一个善良的江湖，最后成为一个互动、丰富的江湖。

对于很多年轻人来说，了解一些社会规则有很大的益处。在这里我有一些忠告：

——如果有可能，到离家远远的地方去读书，去找工作；

——大胆地与陌生人交往，只要你没有太贪的欲念，陌生人并不比熟人更会加害于你；

——不要觉得认识陌生人有多难，关键是要反复地坚持，并用好的借口认识别人，也就是脸皮要厚一些；

——多为别人考虑一些，这样他们就有更大的可能为你着想；

——可能的话去参与各种活动，在活动中认识人的效率更高，也更自然；

——在一群人中，争取担当一些大家期待的职责；

——不要那么害怕承担责任，很多时候挺身而出的人更为大家注意，当然，因为挺身而出，你也会有更多的压力去把事情做好；

——从自然人变成法人的一个重点就是学会理解人、把握人，并且善于在倾听众人意见的基础上拿主意。

除此之外，职场作为一个小社会，有它自己的逻辑，需要大家认真掌握。

——做一件事情要考虑它的结构。什么是结构呢？就是一件事情的要点与它们之间的联系方式。这些要点通常在3个以上，而且体现了一个核心的价值点。我们在思考一件事情时如果能有这样的意识，往往就能构想出空间感与做事情的落点。再分清楚具体操作的规则与先后顺序，多练习一段时间，我们就能很好地筹划事情。

——有没有熟悉工作的捷径？有的。首先我们要找一个资深者，勤奋认真地模仿与追随他，用比他熟悉事情更少的时间熟悉他的做法；然后至少找到一个点去寻求突破，这样就比较容易确立我们在其他人中的印象。不要为刚开始工作的不适应而简单地放弃，大部分工作都有6～8个月的适应期，在对一件事情没有比较多的了解之前，不要轻言放弃。

——我们每个人都可以寻找并加强自己的领导力，**朴素的领导力包括三个部分：一是积极地做事情**，在很多事情上有比普通人更强的掌握力，从而形成自然的示范能力；**二是积极地做自己热爱的事情**，在见识与行动的基础上寻找自己有感觉与兴奋的事情，从而形成信息与经验的聚焦，你能说服自己这是你喜欢的事情，就比你知道自己在做不喜欢的事情更能感染、说服其他人；**三是能与多少有点儿不喜欢的人一起做自己喜欢的事情**，这就是度量，这样就能容人，就能超越自己朴素的个性，从而让小我成为更大的我，一个更受别人欢迎的我。

——在知识服务的世界里，沟通的能力非常重要，这包括口头沟通与书面沟通。沟通可以让你得到机会、被接受并且影响别人。因此，我鼓励大家尝试演讲，有魅力地演讲；尝试写作，持续地写作，包括写微博、写博客与其他写作。我们能用12～16个小时学会驾车，也同样能用差不多的时间掌握大部分沟通技能的要领。只要我们去练。

——怎么才有时间同时做更多的事情？其实，计算时间的方式有所不同。比如，大部分人可能会用10天计划清楚一件事情，但对我来说，在很多场合见识过类似的事情，用半天就想明白了；没有经验的人找人去完成对一群老总的访问，需要1个月，而我只需要两个下午。穿越性的社会活动，看起来让我们不得不负担更多的社会角色与任务，但是只要资源整合得当，我们在完成每个任务时的效率就会高很多。5件事情一起做的时间，并不是5件事情单件做的时间的总和。

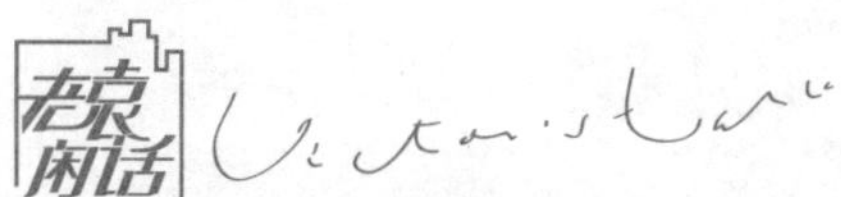

◆ 让我们像孩子一样好奇吧，不懂就去探寻；让我们钻点儿牛角尖吧，这样我们才有独特的发言权；让我们从自己的牛角尖里出来，关心一下其他牛角尖里的事情吧，那样我们就会获得新知识。我们构建，我们解构，我们在横竖交替中突破。

青春不应被浪费

3 提高社会情商才是正经事儿

◆ 不管从哪所学校毕业，你要想证明自己比别的学生强，就要在对社会的了解程度、在某个领域的热爱程度上比他们强，这是能够证明的。

◆ 去实习、去尝试兼职、去社会上听讲座、做志愿者、搞学生活动、读杂书、尝试创业……通过这些活动去约略地判定自己的职业喜好，增加社会知识与社会适应性，交往社会上的良师益友，扩大社会网络，形成自己初步的职业行为模式，然后反过来提高对校园知识价值的判断能力。

◆ 当你有梦想的时候，总会找到同道，总能整合资源，这就是一种主动成长模式。

你大一了，社会情商只有6岁

中国的孩子是全世界的孩子中社会实践最少的，社会经验也最少。因为我们的独生子女长期处于一种特殊的保护状态，家长和学校隔离了孩子与社会之间的关联。所以，虽然你今年大一了，其实你的社会情商只相当于6岁而已。也就是说，你所知道的外面世界和6岁孩子所知道的差不多。

什么叫社会情商？**社会情商就是你多次建设社会场景以及在这个场景中反应的方式。这个反应的方式在很大程度上符合社会对你的期望，并且符合程度高代表情商高，符合程度低则代表情商低。**很多同学连社会上什么状况都没有见过，那你的情商一定是低的。尽管你18岁了，但是你的情商也许只有6岁。

情商低的结果，就是你跟人合作时特别不容易。而情商低跟主动成长有很明显的关系。举个例子，谈判学有一个原理：谁适应在前，谁落实在前；谁适应在后，谁落实在后。你知道这是什么意思吗？其实，有一个场景就明白了。一个男生喜欢一个女生，男生说："做我女朋友吧。"女生说："行啊。"这事就这么定了。然而，这太快了。就在女生说"行"的那一刹那，丧失了很多次可以吃好东西的机会，少了很多次看电影不用花钱的机会，还少得到了很多礼物。

比较好的说法是："我还小吧，暂时不考虑这个事。"首先，不要把话说得太绝了，要是说绝了，男生就会考虑换另外一个目标了。要让他不太确定，又要有点儿希望。在这种不太确定的情况下，不确定的一方占优势，确定的一方占劣势。所以，确定的那一方就只好老埋单。

又比如，一个商品多少钱女孩子有经验，所以商家开价别开高了，否则就谈崩了。选东西的时候也不要太急，看中一样东西之后，再看其他东西，让对方搞不清楚她看中的是哪个，这时对方就会去找与她交易的最佳成交点，而不会最大限度地占她的便宜。这就是情商。你看，这也不难，她妈妈没有给她上过课，学校也没有教过她，这是她自己从小锻炼出来的。所以，情商是在实际情况中、在社会融入中锻炼出来的。

但是，目前的新一代青少年（“80后”、“90后”、“00后”）存在着比较大的社会融入问题，主要的原因是独生子女化以后，父母倾向于在孩子小时候让孩子少担当社会责任或少有社会交往，等到孩子上学了又集中应付考试，甚至到了大学，这些孩子在社会交往与社会实践方面都没形成主流意识，封闭式的校园学习与假期省亲还是其主要的生活方式。直到要工作的时候，才突然发现自己离社会好远。现在一些学校的老师已经开始由一些社会化程度低的“80后”来担当，这些“80后”也开始为人父母。在这种背景下，未来青少年的社会融入问题将会变得更加严重。

在面对青少年的社会融入问题时，有一些障碍因素体现得很突出。一是不注重社会化教育的应试教育，这也是核心障碍。学校教学不注重社会联系，较少纳入社会活动与社会工作因素，缺少对学生实习与参与社会服务的体系化激励因素，让孩子围绕考试分数转，甚至到了研究生时，还以学习考试成绩好可免试作为激励措施，大大损害了年轻人发展个人爱好与社会职业理想。二是学校辅导员任用留校应届生，他们成为不鼓励青年学生社会化的重要力量。三是家长站在疼爱独生子女的角度，对孩子社会化有比较大的顾虑。四是缺少真正让青少年贴心的社会动员组织与社会融入活动，而这方面的社会公益组织，有的生存与发展难度又比较大。今天封闭式的校园教育，使得培养出来的学生在社会知识与职业技能两个方面，离社会需要更远了。

所以，在这里我提出5个建议来培养学生的社会情商、加快青少年的社会融入。

一是大力发展与鼓励在青少年中自觉产生的各类帮助与服务青少年的新公益组织——科普、美学、健康、助残、多元学习、互助等。青少年组织应该积极成为协调与推动青少年发展的推动力，树立青年学生、青年白领、青年蓝领中的公益标杆，用这类青少年组织带动青少年开辟具有自我管理与自我教育特色的社会融入进程。

二是针对青年教师与青年辅导员开展必要的社会化辅导与青少年社会化进程管理的培训活动。这类活动应加强社会力量的参与，不要又弄成现在的课堂教育模式或者教育系统自己培训的方式，争取让青年教师成为带动与支持青少年组织的积极力量。

三是在中小学生中鼓励社会工作、社区服务与社会交往，让社会服务成为孩子升学与上大学时供学校选择的参考记录之一，在更低龄层面鼓励孩子的社会介入。与此同时，减少在大中学生中依靠单一考试成绩给予学生的各类免试资格，增加社会参与型和动手型成绩的影响力。

四是在大中学校设立学生与学生组织可以申领的社会实践与社会志愿服务奖学金，青年团组织应考虑设立鼓励青少年社会服务的公益基金，同时也鼓励社会力量建立重点帮助青少年社会化的公益基金会与公益组织，尤其鼓励年轻人参与各类青年公益组织、从事公益服务。

五是在学校与共青团系统之外，积极表彰与激励社会力量中乐意参与推动和接纳青少年社会化活动的力量，发动社会各方面的力量来做帮助青少年融入社会的工作。

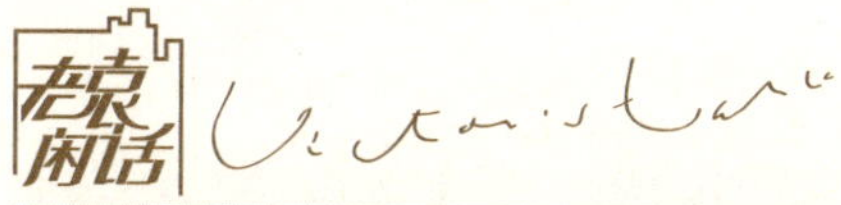

◆ 情商的本质是在不同场景下的反应能力。锻炼情商的要点：（1）见识更多的社会场景；（2）掌握在不同场景下社会反应的传统知识；（3）反思自己原有反应模式的差异；（4）坚持在不同社会传统模式的反应方式下准备好证明自己行为合理性的理由。

大学就像一个养猪场

校园是什么？校园是一个教科书体系，是考试好的同学组成的群体。我们在校园里学习知识是一种被动的成长模式。一般来说，教科书上讲的东西，都是10年以前的事，老早都不发生了。例如，你学投资金融，而投资金融是金融危机之前发生的事，现在很多机制已经改变了，你学完以后，都记住了，考试还考得很好。但是想一想，10年前的知识你还考得很好，这意味着什么？意味着你的情商不是不高，而是相当低。

被动成长模式告诉大家的是各种背景知识，而且每一个人都知道这样的背景。那么，背景知识有用吗？有用。比如说，你是学会计的，它会告诉你一个会计要考虑什么东西，会计守则是怎样组成的；我们做账时资产负债表里的数字意味着什么，人家查账时要看的资产负债表里的数字代表什么意思；我们在一个公司里，要把资产证券化是指什么；如何把未来的资产在今天套现，这是一种什么样的金融机制……这些都是背景知识告诉我们的。

但是，知道了这些知识和会做金融是两码事。在金融市场上，人们能够实现交易最大化，最重要的原因就是只看重通常大家没看明白的东西。普通人能够看懂的投资机构都是没钱的，现在看起来挣钱的金融投资公司是不挣钱的。金融投资公司干的是5年以后才会挣钱的事，但是现在大家都不看好或看不出来，这样它才能挣钱。

张维迎和马云在互联网上有一次交锋。马云说，经济学家只懂得总结历史的东西，一个企业家跟着经济学家做事，就要害死自己。当然，张维迎也不是吃素的，他说一个企业家听经济学家的话，自己的企业居然倒闭了，这说明他不是企业家。这话说得也挺有滋味的，可以理解为：经济学家说得那么明白而企业家居然没想明白，这不是企业家脑子有问题吗？它还有一个意思是说，经济学家的话居然还听，倒闭了只能说明企业家脑子有问题。总而言之，都是企业家脑子有问题。

这很形象地告诉我们，在校园内学习的知识和在社会上的具体操作是有区别的。比如说你是学会计的，刚进一家公司，老会计说：“你是学会计专业的，还是大学生，不错啊！来给我交代下工作。”你说：“你干的活我没见过，但我们老师的要求是这样的。”老会计听你说了一通，什么也听不懂，很可能就会跟老板说：“算了，这个员工我们不要了。”为什么？“我们每次都说明白了，还被税务部门收拾得一愣一愣的，这个新员工跟税务部门都说不明白！”这样一来，老板立马就把你炒掉了。

而且，校园还是一个封闭性的群体。学生只待在校园里，封闭性就会越来越强，离社会也会越来越远。当你到了一个单位，实习了3个月，你会发现社会人脉会有很多网状的交叉特点。有个说法是，在一个城市里，按照六步社交法，大部分的人都能连在一张网上。但是，校园是一个特殊的跟外面切断联系的地方，它是一个特区。我经常说："大学就像养猪场，它把学生养在里面，他们就跟外面没什么关系了。"如果你看过电影《肖申克的救赎》的话，就会知道一个犯罪分子在监狱里待的时间长了以后，再到超市里面干活，碰到什么事都会来一个报告。

所以，作为大学生，我们最好能够经常打开这个封闭的体系，到外面喘口气。这样，我们拥有的氧气量更多，正常性也就会更高。而那些老待在校园里面的人，时间长了以后，就会觉得在外面无法适应，等到有一天他们离开校园的时候，就会无所适从。

所以我一再说，在现在这个教育体制下，别人没法救你，年轻人要有自救的方案。制度没法改变，但同样的制度下有人做得好一点，有人做得差一点。社会上不管什么都会有先后顺序，谁会优先呢？一定是那些有一定社会经验的。在校期间的社会实践，是老师派你去的吗？不是，是你自己去的。**这就是自救。这是在短期之内看不到一个体制重大变化的时候，我们能采用的最核心的方法。**

那些能够自救的人，积累了很多自救的经验。慢慢地，就会懂得如何从圈里跳到圈外。这时，你会发现外面比你想象的精彩多了，天阔地广，大有作为。自救在刚刚开始的时候会困难一点儿，当你找到一个突破点以后，就会发现其实并没有那么难。所以，要勇敢地迈出第一步。

我特别建议大家：如果你是一个大一学生，应该在学校里尽量做学生活动的积极分子、当学生干部。如果编制不够的话，你可以自己创立学生社团、搞学生活动。在这个活动的过程中，你可以先在学校里操练一下，学习在陌生的同学中怎么召集人，怎么形成一个目标，怎么形成一些口号，怎么动员其他人做一些事情；做了一件事情以后，总结经验教训，想想下次怎么能做得更好。就像女生买东西一样，买一个东西后悔了，下次就知道怎么买了，这种能力是不断优化的。学生活动和社会活动的组织能力也需要不断优化。所以，从第一学年的那个暑假开始就要改变，到了大二学年，仅仅在学校里做就不够了，还需要把活动范围扩展到社会中去。因为现在我们的学校太封闭了，与社会之间的距离太远了。

如果分阶段来做的话，我认为大一的时候最好在学校里参加社团、组织一些活动，学会如何与别人打交道，大胆认识一些人，先做一个学校的社交达人、活动达人。大二开始，要把活动扩展到校外去，跨校组织活动或者做一些像黑苹果推广的那种大学生社会公益事业。我们专门有一个叫“大学生公益创业”的组织，就是要求大学生去社会上做事，跟社会上的人打交道。

比如，华东政法大学有专门在社区里做电脑培训的组织，南京大学和南京中医药大学也都和我们黑苹果有合作。等到大三、大四的时候，就可以考虑在社会上兼个职，或者直接到一个单位去实习。这样，就能够渐渐地把在学校里做的活动扩展到社会上去。对于选择什么样的活动方式，可以根据个人的实际情况而定。如果你喜欢本身的专业，那么应该选择以专业为主；如果你对本身所学的专业没什么感觉，那就建议你的活动范围广一点儿，通过活动来体验。

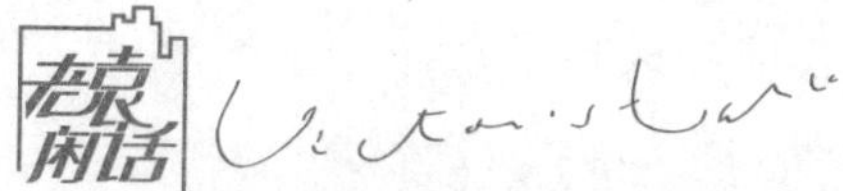

◆ 经常看到一张张光鲜靓丽但冷漠呆滞的面孔，是被教育傻了？是长期苦大仇深的遗留？还是素来觉得世事与己无关形成的淡漠？但你看那路边有摇曳的花草，天边有闲行的云彩，家中有爱你的家人，吃货玩货里还有你的同好。想点儿美好的事，脸上绽放一点儿笑，你就会成为正向导。

在学校的时间越长，呆傻程度越高

我们以前那个时候太穷了，从小就在社会上混，已经被社会教训了很多次，所以说出来的话就会像人话，因为人已经在社会上闯了。而现在，青年人从小都在家里被宝贝着，在学校里考着，最后连话都不会说了。这就需要通过社会的帮助，让大家更好地去认识、了解这个社会的规则。

一个人在学校里待的时间越长，呆傻程度就越高。当然，也不能只在社会上混，读书也是有价值的，不要把这两件事分离开。书和社会上的知识最主要的不同之处在于书是一个系统，读书最要紧的是让人对每门课都有一种底气。所以，一个知识分子和社会人最大的不同，就是有理论体系、受过系统训练、说话的时候能说得更深远，这就是读书学到的基本能力。同样谈一次恋爱，农民工谈完恋爱不能够把它系统地总结出来；而大学生谈恋爱失败了总结一下教训，成功了总结一下经验，等到下次再谈的时候水平就更高了，就跟人家不一样了。

考试考得好，不能证明你在行动当中的优势，只能证明你考试能力比较强，证明你掌握了一些基础知识。考试考得好，也有社会行动能力，这是很棒的。要知道，学校里的老师大都是考试考进来当老师的，他们从来没有接触过社会，也不知道社会是什么样子的。这样，就成了瞎子领瞎子，越来越瞎。

而大部分的企业家，包括上市公司的企业家，超过一半都是大专以下的学历。他们的社会行动能力很强，即使没上过大学，也不受什么影响，像美特斯邦威的老总周成建，像最近培训行业里最大的聚成公司的老总。而那些教授开的培训公司，都是小规模的，都干不大。有社会行动能力而考试没有考好就不太受影响，但是有考试能力而没有社会行动能力的话，就基本上不行。

所以，那些不高不低的学生要用什么来证明自己比其他学生好呢？依靠考试考第一名？这不能算什么，而且也没有人把你当回事。大学考第一名就没有意义了，无非就是免试再读个研究生，糊涂加糊涂更是没有意义的。**不管从哪所学校毕业，你要想证明自己比别的学生强，就要在对社会的了解程度、对某个领域的热爱程度上比他们强，这是能够证明的**。在全国概念汽车设计大赛上做得最好的两个学生，不是中央美院的，也不是清华美院的。第一名是山东美术学院的；第二名是湖南大学设计学院的。这是世界级的评委一致评出来的结果。这跟学校没什么关系，就看手上的活，做得出东西就是王道。

现在已经有很多学生开始对学习成绩有疑惑了，但发现自己还是很难走出来，因为成绩与太多的校园福利绑在一起了，舍弃学习成绩是很难做到的。我自己在大学的时候学习成绩很好，并成为改革开放后第一届免试升研究生的学生。这不是我追求的，而是因为我很擅长背记，所以考试结果很好。如果一个同学能顾全自己的爱好，同时还能考得好，这可以说是很理想的，我并不反对。问题是你不爱好，你本来对这个领域就没有感觉，可还要花那么多时间和精力去得到好成绩，为的仅仅是与爱好没有关系的权宜甚至苟且的原因，这就不值得了。

社会学中有一个理论叫“路径依赖”。比如，一只老虎被养在动物园里，时间长了以后，就算最后放到了野外它也很难捕食，因为它已经习惯了肉来张口的生活。在校园里面，路径依赖更加全面地渗透在学生学习和生活的各个角落：因为考试成绩是衡量学校所谓教学质量的核心，因此学校重点培养的是学生的考试能力；因为不会用其他方式更好地衡量学生，因此学校待遇和福利就主要与考试联系在了一起；因为学校里很多老师也是考试专家，所以他们就把考试更多地与其他机制建立起了关联，比如考得好可以升研究生、享受各种特殊的机会；因为同学们只会考试，就更加依赖于将考试成绩作为自己成就感的来源。

当然，其他国家的大学也不是一点也不重视考试成绩，问题在于我们的课程设置过于脱离现实需要，过于倾向非技能，因此考试变成了加剧同学们不受社会欢迎的原因之一。除了一些重面子的企业，事实上，社会上只有不到1/4的企业提供的职业岗位真的要看学生的成绩单，这个比例远远低于做学生干部与参与社会实践得到的重视程度。

也就是说，今天我们校园里的学习成绩中心制，是一种加强同学把自己排除于社会需要之外的杠杆，但是它作为路径依赖的一个结果却会强有力地发挥作用。与其说成绩是一个管理工具，还不如说它是一个怪物使用的魔法。在这样的考试中心制下，再来谈创业与就业，很有点儿南辕北辙的味道。

如果我们做一个分布游戏，结论就更明白了。我们现在有四个组合：一个是成绩好且有职业爱好与专长者，一个是成绩不好但有职业爱好与专长者，一个是成绩好而没有职业爱好与专长者，一个是成绩不好同时还没职业爱好与专长者。这里排出的顺序，基本上代表了社会选择的先后顺序。而在学校里呢，大概只分成绩好与不好两组。

所以结论是，不管你的成绩好不好，在社会上胜出概率高的是有职业爱好与专长者，而在校园里得到福利的关键是成绩好。在有冲突的情况下，站在就业需要的角度来看，最优选择就变成了成绩不好而有专业爱好与专长者。二与三的冲突，本质上是长线还是短线的冲突，这与选股的道理是一样的。你如果选择了三，就要承受未来就业难的问题，而选择了二，就要接受校园福利少的结果。

独生子女的心理与行为惯性是想要什么就向父母伸手要，在可能的情况下，一般家长都会满足他们。但是，社会与江湖不会如此。江湖、股市、职场中更多的是两难选择，能做的是两害相权取其轻、两利相权取其重，鱼和熊掌兼得的企图最可能弄得鸡飞蛋打。明白了这一点，我们才会知道现在所谓的种种关于学习成绩的理由尽管貌似有理，但是也可以做出不同的选择。实际上，我们今天的选择部分地决定了自己以后的职场命运。大部分家长与老师帮我们做的靠拢学习成绩的选择，不是出于习惯就是出于保险，但结果不是导致短视就是导致无奈。决策权如果不能掌握在自己的手里，就会不知道自己在哪里，这样的例子已经太多了。

传统上，大家都认为大一、大二的时候应该在学校里待着，大三出去实习一下，大四出去找工作。我的建议是完全相反的，大一、大二去实习，例如，你想从事金融业，到了大四再去实习的话是没人要的。为什么？因为你不懂真实的金融。可以这么说，大学里教的金融跟上海滩的金融根本是两码事，而上海滩的金融跟华尔街的金融又是两码事，所以你不会明白。你以为找金融类的工作，就是到银行去当一个柜员。而在美国，如果一个华人找工作的话，到餐馆洗盘子、到超市做售货员和到储蓄银行当柜员是差不多的，并不需要上大学。

另一方面，靠在学校里学的金融学知识，你以为你能干金融投资、干杠杆的活，其实更干不了，因为你根本不知道那是什么玩意儿。所以我认为，任何涉及未来的职业都是一个江湖，这个江湖水深水浅你必须亲自去经历它、认识它。不要以为江湖一定要等自己到了多大年纪以后才需要去了解。美国中学生平均都有一次以上的实习经历、两次以上的社会工作和社区服务经验，而我们的学生到大学毕业的时候，平均只有15%的人有过一次以上的实习经历，这说明我们与社会的距离太远了。

我建议大家，平时用来学习，假期用来做社会访问。比如，你想要了解司机到底是干什么的，就访问两个司机；你想知道传说中的人力资源总监是什么样的，就访问两个人力资源总监……你要多访问、多接近这些实际从事某职业的人。平时，可以在周末的时候去兼职，在小公司里面打一份工，所有的这些经历都可以使你跟社会联系起来。

也许你会想："我年龄这么小，人家会不会聘用我呢？"会的。你可以对一些单位关心的问题进行一点儿研究，这样能让你更容易被聘用。比如，有人专门研究员工辞职后的补偿问题。现在的员工老是跳槽，而且自己跳完槽以后还让单位补偿，非要去仲裁，但这样公司是不会输的。你可以到劳动仲裁委员会做个小研究，专门研究这个小问题。

要知道，每个单位都对这个问题很感兴趣。

再比如，你可以研究如何有效避税。其实你不一定要写得怎么好，人家一看你写的题目，就知道你脑子很灵活。所以，你要想到哪一个单位、哪一个部门去，就写一篇相关的文章。先到百度上搜一通，把资料分一个类别，写出来“有效避税的八种方法”，就算是抄的，你能够把它们抄到一起，就说明你有水平。

每次搞明白一个情况，这样在连续体验了三四个部门以后，到分专业的时候，你就能明白自己喜欢哪一个专业了。最起码，你也可以通过这些实习，通过与同事的接触，拉近与社会的距离。

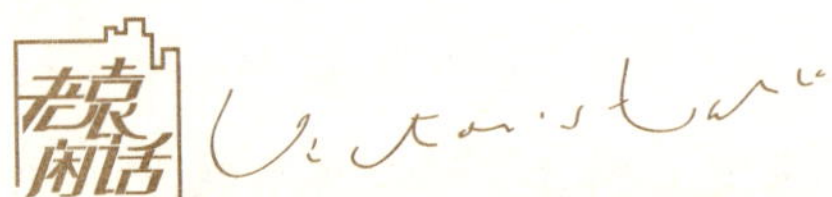

◆ 中国大学教的知识，我觉得过于注重知识，而缺少技能；过于注重历史，而缺少未来；过于注重确定性，而不注重不确定性。所以，它产生的一个问题就是我知道了谁说过什么，但我不知道我可以做些什么；我知道了历史上曾经发生过什么，但是我不知道未来会发生什么。

读大学，究竟读什么?

读大学时，如果我们还按照中小学的方法一路读下去，是极其不利的。我们做过一个研究，学生在这个体制中间待的时间越长，离职业的距离就越远。在读小学之前，一个孩子胡说八道都能说出来长大以后想当警察叔叔、长大以后要做明星，这个比例在80%左右。等到小学毕业的时候，只有50%的人能说出来。中学毕业的时候，30%的人能说出来。大学毕业的时候，15%的人能说出来。研究生毕业的时候，不到15%的人能说出来。

所以，我们鼓励大家在大学的时候跟社会、职场建立某些通道。实习也好，做志愿者也好，或者到社会上跟人沟通也好，甚至尝试着做一些小生意创业，哪怕在淘宝上开个小店也好。当你以某种方式直接跟社会建立联系时，你感受社会的方式至少有两个渠道：一是在学校作为一个学生；二是模拟成为一个社会人。这时，你会发现周围的人对你的社会要求是不一样的。你在淘宝上开个小店，人家只把你当作一个开店的。你作为一个大学生开小店，人家对你的要求就会少一点儿，你会发现人家把你当小孩对待。这个时候，你会感到你的角色是微妙的，并开始培养新的感受世界的角度。你再回来学习的时候，感受就会有差别。

这个意思就是说，有一种模式是在学校里按照满堂灌的方式学习，还有一种是你有了一定的社会经验和独立角度，然后再来学习。这两种方式下的学习效果是截然不同的。

美国大学生与中国大学生有三个基本的不同点：第一，美国大学生比较有自我见解；第二，美国大学生大部分有自己独立的社会经验，在大学毕业的时候，平均每个人有三次实习经验，中学生平均有一次实习经验；第三，美国大学生有自己独立的人脉，比如说，自己跑到另一个学校参加论坛、创业、设计比赛，或者组织一个社团，或者去支教，用自己独立的社会活动获得独立的社会人脉。45%的美国大学生的第一份社会工作，就是由独立的人脉而得来的——因为我认识这个人，所以他们让我去；另外45%的美国大学生通过招聘找到工作；只有小部分大学生是托别人的关系帮忙找到工作的。

而我们的同学的独立人脉太窄了，大概只有35%的人能做到。也就是说，65%的中国大学生没有任何的独立社交关系。这就是一个巨大的障碍，因为社会资源是跟社会关系连在一起的。经常有同学在听课、听讲座后发消息问我：这是对的还是错的？我一定回复："错的。"**如果我们认识两个人，或者多个人，就能够认识到不同的观念，就不会成为简单的人。而现在的学生要么简单地听老师的，要么简单地拒绝老师，不会有自己的建设性。**

学校的职责就是为我们提供社会资源，构建作为一个合格的职场社会人的前提条件。北京百年职校校长给我介绍说，他们的教学重点是做好人生技能教育与基础职业技能教育，让学生学会起码的做人方式，去做好一个学徒。他们的模式是两年制教学，一年校园学习，一年企业实习，出来的学生很受欢迎。这位校长说："我们的教学内容按照企业的用人要求来设计，而不是按照自己关门编的教材来设计。考试没那么重要，工作的态度与技能才重要。"

对于这位校长的话，我完全赞成。虽然他是一个中专学校的校长，但我觉得他的话也适用于绝大多数大学。我很推崇大学采用类似的教学理念与模式。如果说以前的大学教学还有知识传承的作用，现在的大学基本上正走上阻碍青年人融入社会的方向。

其实，学校像一个大土堆。你首先要弄明白你要干什么，然后再到大土堆里去找什么肥料。而学校现在的方法是把大家都放到土堆里，搞成同一种味道。比如说你是一根葱，葱要的养料和小麦要的养料是不一样的。你得弄明白你是谁、需要什么养料。如果连你都不知道，那么学校也不知道，老师更不知道，就只有把大家放在大土堆里面变成同一种味道了。这样的话，我们还要这个大土堆干吗？

所以我觉得，大学生要学习以下3个方面的东西：

一是增加自己的见识，拓展理想境界。这个境界不是简单的意识形态与陈词滥调，而是鲜活的世界观与方法论。这种世界观是通过观世界而获得的，这种方法论是敢于去联系实际，去行动、去反省、去解释、去改变。我们今天遇到的信仰、世界秩序以及社会政治、经济难题，都涉及怎么去看与怎么对待的问题，不回答、假答案与权威所做的刻板答案都不能达到启蒙与增长年轻人理想的作用。

二是人生技能的学习。大学生应该多学习理解性的学科，有理解自然现象和社会现象的工具，有接触与体会真实的人类需要的能力。这要求我们不是一开始就功利地去学金融、管理、艺术、传播等学科（尤其是大部分学校开设这些学科根本就是骗招生的伎俩，完全没有适当的师资与办学能力去教授相关课程），而是更多地掌握化学、生物、哲学、历史、社会学、心理学、数学这些工具。有了理解能力，我们就有了很多自动、自发的机制去利用自己的眼睛、头脑、手脚与能力。

三是基础职业技能的学习。部分学校完全没有这方面的能力，因此必须建立校企联办的模式，建立学习与实习联通的模式。学校要留出足够的时间让学生实习，也要留出必要的资源支持学生实习，用适当的管理资源去开辟实习的资源。今天的大学生绝大部分是要去职场的，这不是靠关门规划就能解决的，而要靠开门实习去解决。

老京闲话

◆ 一个普通的大学生，不管他学的是什么专业，如果他能把自己学得最有感觉的一门课或者知识和你分享，你的知识库就会大有长进。这是我在黑苹果一日助理项目中的感受。可惜，虽然有的学生成绩不错或者免试读了研究生，却愣是对所学专业没有感觉，分享不了一点儿东西，这还有什么可说的?

你的专业是“被”安排的吗?

我的一日助理中有一位大二的同学，因为专业调配的原因，在公共事业管理专业学习。她学到第二年，也没有对专业产生喜爱，而且在我听起来，她的专业课程内容也与这个专业没有多大的关系。我可以肯定，在这个专业设置中，基本没有什么可以帮到她的专业课，也没有从事公共事业管理的专门知识课，更别说技能课了。学校也没有特别的渠道，让她能在这样的专业岗位就业。而我要是公共事业管理部门的领导的话，也没有理由去选择这样专业的学生来工作。如果我后来能接受这个同学，一定是因为她在社会活动或者其他方面表现出了特殊的才干与能力。

在我进行大学生职业演讲的时候，发现现场只有很少的学生出于自己的专业喜好而选择了目前的专业，其余大部分学生是因为家长与中学老师的建议而选择了目前的专业，自己一直对专业并没有感觉。另外，还有接近40%的同学由于学校专业调配而读了现在的专业。实际上，专业调配把学生因为家长与老师对他们的前提分析而进行的专业选择所形成的最后一点感觉也摧毁了。这样的结果是，学生就真成了一大群不知道为何而学也不知道学了有何用的人。在这样的专业领域待了几年之后，他们把时光当成了特长，以为自己就是这方面的人才，其实只是对这方面几乎毫无感觉的一群人。

有的人问："虽然我不喜欢这个专业，但是我到底喜欢什么专业，我也并不知道。我怎么才能够知道呢？"把一条鱼放到河沟里，不用教它，不用开一个培训班，鱼下了水以后自然就会找对象、找食吃、睡觉，因为它习惯了野外生存的方式。大学生到了现在的年龄，依然有机会和时间。校园会让我们学到很多东西，包括很多系统的知识，这是非常好的，但是大部分的知识你是不会记得的。如果是学工科的学生，还稍微好一点点，会画图、制图，因为动过手，手艺就会留着变成技能。而对于很多文科以及部分的理科学生来说，学的很多东西很快就会忘掉。

只有两样东西可以让知识留存的时间长一些：第一，你理解了；第二，你有机会去练习。理解是学习中最重要的一件事，而且要跟学习的应用、跟社会实际相结合。所以，我们鼓励同学们去社会上做公益、实习。

就如前面讲的，在我们曾经举办的大学生创意设计大赛中，同济大学表现还蛮好的，但还远远不如湖南大学设计学院，也不如山东美术学院设计学院。原因在于这些学校的学生更接地气，更能和生意场上企业里的设计需要相结合。从广义上说，学设计的学生中只有不到5%的人，其设计真正对产业需要的设计有帮助。大多数的设计实际上叫表达式设计。它可以表达感情，表达艺术品位和设计师对艺术的理解，尤其是表达设计师的感悟，但这是典型的艺术家行为，它不是产业需要的，也不是市场需要的。

实际上，最为可悲的还不是学生调配，而是老师调配。在调配型院校里，充斥着所谓因为专业需要而调配来教学的老师。这些老师对这些专业既没有爱好，也没有心得，把好好的专业课讲得死气沉沉、枯燥乏味。这实际上是调配之罪，而很多同学以为那些专业知识本身无用。调配型老师带领的调配型学生们，注定难逃“瞎子领瞎子，一起掉窟窿”的结局。

我听到一位校长这么对同学说：“光待在学校里是不能保证你们能被职场接受的。”这话说得很好，至少这是一位明白的校长，知道大学越来越不能满足社会对人才养成的需要。不过，这也是一位不合格的校长，既然不能让大学成为一个培养生机勃勃的人才的学府，不能提供活跃的知识与有效的技能，为什么还能当大学校长呢？不久前，教育部门宣布了公费师范毕业生工作1年后可以免试升研究生的决定。教育部门以为靠发学历就解决了人才培养的问题，那么未来我们可以期待将有一批学历高到令人目眩而水平低到让人跌破眼镜的人才了。

在这种情况下，我们需要的是一种主动成长模式。**所谓主动成长模式，是指对自己要做的一件事情心里有数，然后做决定。主动成长的特点是寻求信息，进行交流，不断寻找最合理的交换条件或合作条件。最后，继续搜集更多的信息，反思实现更高水平的决策**。在我们的生活中及社会上的普通人中，一个农民种地，一个工人干活，一个小贩在街上做生意，采用的都是主动成长法，都是不断在经验教训中寻求上升的路径。

而在学校里却是被动成长的模式。不管你是谁、原来爱好什么、为什么来到这所学校，大一都得学这个课，都有这个要求，都必须考到这个分数……被动成长模式有一个特点：按照标准模式进行处理。在这种被动的成长模式里，个人是没办法的，只能听天由命。学校规定的东西必须学下去，但它不能彰显你的个性，不能实现你的梦想，不能容纳你的规划。所以，你要跳出来，从被动成长模式跳到主动成长模式里，这样才可以实现梦想。

从小我就比较喜欢玩，到现在去过104个国家。我还有一个计划：准备去一趟月球。有一次，我跟民生航空的老总讲起这个计划，他说："很好啊，我就准备搞一个企业家远航计划。"**当你有梦想的时候，总会找到同道，总能整合资源，这就是一种主动成长模式。你不一定要成天干正儿八经的事，却有很多个成长方向**。我有一个朋友，他是美籍台湾人，在全球投资了38所大学。我们相识后，他说："太好了，以后我到世界其他国家去的时候，就把你安排到这些大学里讲一堂课，然后再由大学教师给你讲一堂课。中国人来投资的话，要想用人就用这些大学的学生得了。"这样他有他的利益，我有我的利益，资源就得到整合了。

所以，在主动成长模式中，每个人都要有自己做得很精湛的事情，而不是成天想着："我要找一份安稳的工作，社会福利好一点，工资稍微高一点，养老保证金多一点……"你才18岁，你以为自己88岁啊！我们今天主动规划的每一件事情，是让我们在人生出发点上不按照祖辈的方式来规划自己，因为从你到你祖辈中间有好长一段时间。我们是父母生的，但是我们的命运跟父母的命运是不一样的。主动成长规划不是由老师定的，不是由父母定的，而是由你自己来定的！

就像我们炒股，在选择股票的时候，他人没有把握说："对不起，你的股选错了，重炒一回。"你炒错了是自己造成的，炒赢了也是自己的。将来你到一个公司里面，发展好了、坏了都是自己的事。18岁的成年人在法律上叫作完全民事行为能力者。你在社会上做的承诺，在18岁之前由大人负责，因为他们是你的监护人；18岁以后，就要自己为自己负责了。请大家一定要记得，过了18岁，要有自己的主见，要有自己独立的见识体系和人脉体系，还要有承担自己亲自犯的错误的责任感。你越有这样的意识，越有可能迎来自己的成就，哪怕一辈子吃了很多的苦，但是会得到很多成就。至少你在对下一代谈人生的时候，不会说："哎呀，安稳一点就好了。"

我在北京大学学习的时候，我的导师龚祥瑞教授在他85岁的时候讲了一段话，后来写在他的自传里面。他说：**"一个有理想追求的人，一辈子不见得能实现他的理想，但是在他的人生道路上所遇到的风景，是一个没有理想的人连想都想不到的。"**

我希望这句话能够唤醒一些人成为具有主动成长能力的人。毕竟这个社会空间需要第一个能折腾的人带动4个愿意追随的人，然后70个人有热闹可看，20个人有风凉话可说，5个人可以表达反对意见。

对于一所大学，我希望，它能够为一个地区、为一个时代培养更多的站在适得其所之处的人，我们也要为同龄人争取更多这样的位置。当然，如果我们努力之后不幸落在了后面，也是心甘情愿的。就像很多创业者创了若干次业，就算没有成功，也会在就业的时候心甘情愿地说："我觉得自己不是创业的料，我就踏踏实实就业得了。"其实，这也不算失败，因为我终于明白了我是谁。然而，在这样去做的时候，如果心甘情愿、做得很到位，我们就拥有了一个主动成长的人生！

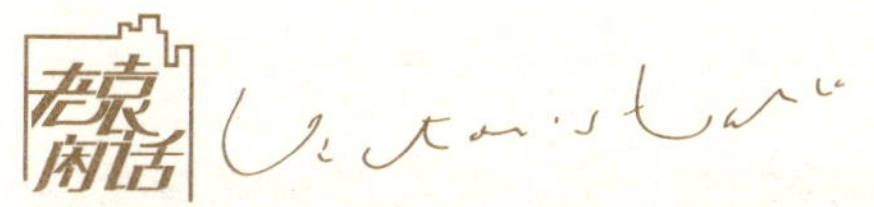

◆ 有人认为，因为父母对孩子好、怕孩子不懂，所以选专业这样的事应该由家长来决定。我说这样的事就是选错了也要让孩子自己选，孩子的喜好千差万别，家长无非就是傻傻地认定金融投资、管理会计、艺术新闻、计算机信息、师范类专业这几个专业而已。连大学都明白，即使自己开设不了也要按家长的心意蒙出这样的专业，这还能好?

◆ 很多家长以“安稳”两字了断了子女的前途，而不论孩子有无烈烈之心、拳拳之意、殷殷之性、英英之能。此何异于以爱之名，活葬本有千百万种可能性的各式孩子? 这与孩子自经探索、甘为平庸、甘居一般不是一回事。纵是家长亦无此权力!

有时考六七十分就可以了

我个人认为，对于很多科目，大部分的学生只要考六七十分就可以了。但是，我们要大大增加社会经验，多多了解我们可能接触到的职业，然后有所尝试，在尝试的基础上有所选择。这才是我们在大学的时候真正应该做的事情。

有位学者对恢复高考后的状元们进行了一个职业发展跟踪，结论是他们之中很少有人在社会、政治、商业、文化领域做出了像样的贡献。我不知道这一研究的准确性，但它却很符合我对于考试人才的社会适应能力的一般推断，即考试主要是一种格式化的能力。虽然作为某种公平标准，它有一定的价值，但对个人成长的破坏力很大。

考试会让大家越来越聚焦在标准化且特别容易忘记的知识上，也会大大削弱人们对多元化知识的兴趣。地位崇高的考试会大大挤占学习者培养动手能力与行动能力的时间与精力，还会模糊其他职业知识与社会知识的价值，让学习者越来越习惯于只关心那些会出现在考试大纲里的知识。在这个意义上，考试能力越强的学生，社会适应能力反而可能会相对越差，多元化知识结构与反应性适应能力也相对越弱。

即使我们假定学校的知识都是有用的，但是现在的教学模式也决定了这些知识难以有效地被学生吸收与消化。我们缺少动手型与情景型的课程，也缺少因为热爱课程而从事教学的老师；我们缺少擅长沟通与互动的教师，也缺少丰富多彩的课程作业与练习安排。即使我们有很好的老师与教学方式，但因为缺少对学生的职业爱好的发掘与培养、缺少给予学生职业技能的实际体验机会、缺少对职业伦理的探索、缺少对职业情趣的操练，学生在面对课程的时候并不知道这些知识真正有什么用，而习惯于一种无目的、无价值判断的盲目学习。

就算我们的学生考到了高分，他们只知道这是考试的高分，最多知道这些高分对免试升研究生有帮助。他们不知道这些高分对职业有什么用，对判定职业取向有什么用。就算符合免试研究生的标准，他们也不知道读了研究生又有什么用。就算知道考分也许会对选择工作有点儿印象性的帮助，他们也不知道自己到底要选择什么工作。

考试在本质上不能帮助职业的选择与发展，相反可能会进一步模糊职业的选择与发展。实际上，当学生试图弄明白自己的职业选择与发展的时候，因为要应付繁重的考试任务，他们还不得不牺牲掉追寻职业方向的思考与尝试。到大四的时候，大家要达到一个标准：知道你想干什么。如果你能回答出来，那么你在同类同学里面就进入了前5%；如果你不仅能回答出来，还能说这个专业是自己选择的，而且是在实习了很多个岗位后根据自己的了解和爱好选择的，并且能说出为什么喜欢它，那你就达到了前1%；如果你不仅如此，还在实习的过程中有一点点小成果出来的话，你就进入到了前0.1%。

而有一些大学生，学了新闻专业，不知道记者做什么，不知道编辑做什么，不知道主持人做什么，因为他学习的专业和他要从事的职业是有区别的，而他又没有亲自去实习、去见识。当然，从社会的角度来说，我们不能简单地责备学生、责备老师，我的原则是“无建设不批评”。我们在努力给同学们更多的渠道来尝试，建立校园学习和社会学习的关系。**我们提出一个目标，要让社会学习和校园学习平行：**既保全了解系统知识的机会，同时又有去接触和有能力去选择某个特定的职业的机会。

因此，我要重提我们没有必要要求大学生单纯地上那么多很快就会忘记的枯燥的必修课，更不应该只把考试成绩作为研究生免试录取的标准，而让越来越多的格式化学生成为本来富有学养者才应去考的研究生。

坦率地说，我认为一大部分老师的课不妨作为选修课，承受同学们选择的严酷考验。很多学生本来就不知道自己为什么上这个专业，而大学生本来就应该在各院系旁听，确认自己的爱好偏向，尽管目前一些大学已经试着逐步这样去做，但是还应在数量上有所突破，在更多学校和更多课程中推行。除了某些专业课的学习，只要学生在大学的任何院系修满了自己的学分，就可以毕业。这个方式比教育系统与学校强制形成的格式化考分体系，至少要有意思得多。

如果考完就忘掉，其实90分和60分是没有区别的。当然，这不是让学生不学习。我们还是要学习，即使不感兴趣，也不至于到不及格的程度。在我看来，考试及格是一个学生的本分，除非他已经下了决心准备辍学。以我的经验来说，大部分的课短期突击、强化学习就完全可以及格。如果平时再听一点儿课，考个七八十分完全没有问题。

然后，学生可以相对自由地选课，这样他们就有了较多的时间空出来。空出来干什么？去实习、去尝试兼职、去到社会上听讲座、做志愿者、搞学生活动、读杂书、尝试创业，通过这些活动去约略地判定自己的职业喜好，增加社会知识与社会适应性，交往社会上的良师益友以扩大社会网络，形成自己初步的职业行为模式。然后反过来提高对于校园知识价值的判断能力：哪些课应该去听，哪些书应该去学校图书馆借，哪些同学应该去结交。

格式化的考试让人的脑子僵死，而社会化的场景知识让人的脑子重生。**以活的需要去激活死的知识很有意思，而以死的格式圈住活的脑袋就值得谴责了**。到了大学，已经没有了高考那样的硬杠杆，而变成了直接面对职业选择这个软而强的活杠杆，因此大学不能再用中小学的方法来办，大学校长也不要用中小学校长的逻辑来做事。不在60分中朴素地新生，就在90分中体面地死亡。

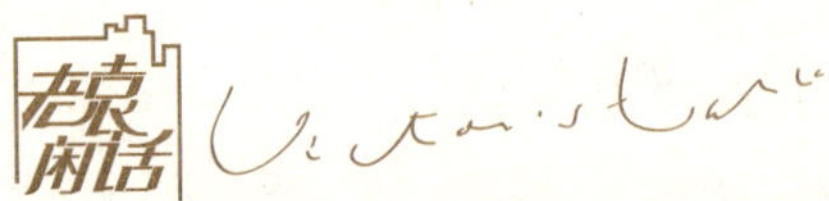

◆ 我们鼓励辅导员与大学生一起社会化，在一起社会化的过程中掌握与了解社会化的规则与路径，培养与高度社会化大学生的共

同语言。进一步地，辅导员们应该积极去整合商业单位实习资源、校友企业家资源、公益圈和媒体圈等多方面的社会资源，从而成为大学生社会化活动的资源提供者与选择点拨者。

学什么和干什么，两码事！

如果你在大学学法律，那么你就能干法律工作吗？不是的！这完全是一个误解。全世界学习法律的人中，只有不到10%的人从事跟法律相关的工作，另外那90%，也就是绝大部分人从事的都是与法律无关的工作。从事金融投资的人员100%来自非金融投资领域，从事汉语教育的人员只有3%的人是从师范院校毕业的。学什么和干什么，两码事！

我们一开始选职业的时候，就像打靶一样，不是所有的人一枪就能打中10环。先打一枪出去发现打低了，然后把准星往上调一调，再打一枪发现打高了，再往下调一调。要调几次后才能调准，而调整的前提是先打一枪。站在一辈子的人生角度来看，我们应该有若干次调整的机会。你要明白：规划、选择职业不是一次完成的，要用一辈子的时间去调整。更不像有的同学说的那样：今天学习一个专业，将来一定干什么职业。NO！

所以，从一辈子的角度来说，不要把这个问题看得太严重。我在不同时期学的专业都是不一样的，不断地在调整。调到最后我有了一个认识：以我现在做的工作而论，没有一个专业能够真正单一地支持我做的事业。比如我今天做咨询，管理专业能够提供大约5%的知识，哲学提供大约2%，中文提供大约30%，数学提供大约8%，社会学提供大约8%，心理学提供大约10%以上，化学提供大约5%，物理提供大约20%，地质提供大约5%，生物提供大约5%。也就是说，并没有一个专业是专门为咨询这个职业准备的。

很多同学以为一个专业对应一个职业，但是真相不是这样的。大部分专业能提供相关专业10%～15%的知识就已经不错了。由于很多名字看起来像职业岗位的专业基本上不提供职业技能训练，也不以真实的行业实践为基础，因此即使像电子商务、金融投资、工业设计、园区管理、文化创意、公用事业管理、行政管理、房地产这类产业，也基本不能提供相应的实务型职业知识与技能。基本上，本科阶段的这种职业性专业都是无用的；专科阶段的这类专业，如果有更好的产业化与教学一体化设置，还能靠谱一点儿。

我上大学的收获就是，我“折腾”的东西最后被证明是有价值的，而死记硬背下来的东西基本被证明是没价值的，因为最后都忘掉了。

于是，如果进一家投资公司，假定你学的是商学院的金融投资系，最多满足了这个职业要求的4%～5%；如果你学的是体育，说不定也满足了4%～5%；如果学哲学，说不定还是满足了4%～5%；如果你是学乱七八糟专业的，可能满足了10%。为什么？因为投资有一个特点：综合性。

目前，大部分中国的投资公司跟美国的不同点在于：美国投资公司有的专投医疗，有的专投新能源；而中国的大部分投资基金都是综合性的，它不在某一个专门领域里投（因为专门领域太少了），而在更广泛的线上选择可投资的对象，可能是医疗，可能是机械，可能是连锁店，可能是新媒体电子商务，可能是服装品牌。这就意味着你学乱七八糟的最合适。不过，乱七八糟地学跟学得乱七八糟的还不一样。我的意思是说，从某种程度上来讲，没有一个专业是完全为某一个职业准备的，但是都会多多少少为某一个职业有所准备。

最主要的是，你喜欢干什么事儿！比如，我想当总理，所以去学法律，因为我要以法治国。而学法律的人干得最多的是做生意。这里的好处是，一个学法律的人会把公司章程、员工手册之类的文件制定得特别好。因为他懂法。办公司就得跟员工签劳动合同，但公司与员工打劳动关系官司，基本全是公司打赢。这就是因为员工手册健全，并不是故意欺负员工。问题就在于，他可以把可能发生的问题想得尽量周全一些，这是学法律的第一个特点——立法。第二个特点是站在司法的角度来说，总能找到问题中一些弹性存在的空间，就可以把这个技能不断地应用在管理中。

管理学领域的著名教授彼得·德鲁克，本科学生物，研究生学法律。而他做什么工作呢？媒体。他曾经在《新闻周刊》的国际版当高级编辑，差点儿成为主编，后来他放弃了offer，到学校里去研究管理了。生物、法律、新闻、管理之间有什么关系？看起来没有直接的关系，其实都很有关系。

德鲁克有一个特点，他写的所有文章逻辑都非常严谨，最基本的是讲每一件事都会讲六到七点，很完整。这就是因为他受过法律训练，而且训练完了并不只是从事法律工作。就像面团可以做饺子，也可以做馒头、包子等。更何况很多同学当初选专业的时候，很可能因为阴差阳错的原因选了现在的专业。所以不要太把专业当一回事儿。

因此，我给大部分同学的建议是：在本科学习包括数学、物理、化学、生物、历史、文学、社会学、心理学、哲学、人类学、经济学在内的基本学科，同时尽量多接触其他学科，多参与各类实习，多增加社会实践，如此为寻找自己的个人知识倾向与职业爱好打好基础。只有把校园的学习与社会的学习相结合，你的效益才会大大体现。

如果你心目中有喜欢做的工作的话（我觉得这是最重要的），你所学的东西总是能以不同的方式对它起作用。**任何一个学科都是用来解放我们的思想的，而不是束缚我们选择的自由。**

我自己上大学时其实也是稀里糊涂的。我喜欢读《福尔摩斯探案集》，等到了法律系，才发现法律系不太探案。法律系是研究法条、法学、法律思想的，不负责探案，而负责探案的是刑事侦查系。要想学探案，我应该上公安专科学校或者警察学院才对。

相信有很多同学和我一样，在高考结束之前都不怎么考虑选专业的事，考试结束后才开始估计大概能考多少分，到底选哪个学校、什么专业。上了这么多年的学，你已是考试的熟练工，但不是专业的熟练工。在不了解专业的情况下，你只能按各专业表面上看起来的样子去选：选金融投资系，可能钱比较多；选艺术表演系，将来可以做明星；选工业设计系，因为自己有点儿喜欢设计；选新闻传播系，因为自己想做记者……

有鉴于此，我们应该在高考之后的选择专业上面下些功夫了。不能再像以前一样，听从父母、老师的。下面我就怎么选择大学专业的问题，给大家一些意见与参考，汇集成以下4点：

其一，从自己想做的职业出发去选择可能学习的学科。如果你真的想学习金融，建议你学习高等数学与应用数学，还有经济学与高级统计学；如果你想去做管理，建议你学习社会学与心理学；如果你想去做设计师，建议你学习美术与心理学；如果你想去做传播，则建议你学习语言学、人类学、心理学。你可以看到，你的职业方向不是直接的本科学习方向，而是相关的基础学科，最后在读研究生或者第二学位的时候可以考虑专业学科。

其二，按照自己的爱好去选择。有的同学有自己的一定的职业选择倾向，比如想去做律师，那么一是要选择法律专业，二是要利用暑假认识一些亲戚朋友中的律师。如果你认识了投资律师，就会发现在这样的律师工作中，商业与投资的成分远大于法律。而你如果想做咨询顾问，那么你的学科边界就不受限制了，但是最好有更多的技能学科，而综合看来，本科学基础的理工科学而研究生学管理，可能最合适。在这里，强调的是自己的爱好，包括尽量尊重孩子自己的选择，请父母尽量不要自作主张地给孩子做决策。

其三，在大学选择专业的时候，就要把本科与研究生选择结合起来考虑。基本的原则是本科尽量学得基础一点儿，这样才能掌握一些基本训练。当下所谓的新专业学科，基本都是有其名而无其实的，但你可以考虑在本科学习基本学科的基础上，在研究生的时候专攻应用方向，而这个方向最好是在本科有更多实习、兼职、实践与各类创业尝试的基础上去确定。

其四，在总体选择倾向有限的情况下，建议大家特别注意选择大学本科与专科学习中有专业工具、操作、行动的学科。对大部分希望就业的同学来说，这意味着更有保障的未来。一些三本学校与职业专科学校的实际就业竞争力远超过了很多名义上属于本科又没有实用技能的学校与专业，大家选择的时候要特别慎重。很多一本与二本的职业类大学尤其可取，比如师范大学、农林大学、水产海洋大学、工程技术大学。我建议大家特别注意泛文科的法律、传播、管理、公共管理类本科专业，个人认为这些专业基本不适合选择在本科阶段学习，属于“知其然而不知其所以然”最为严重的领域。

老京闲话

◆ 最可恶的是有些大学本来没那个教学能力，净靠编些性感的专业名字来招生；老师都是调教出来地乱教；学生也是稀里糊涂地乱学。那么多新人都以为社会上的职业真如这些专业那么无聊、无趣，因此也在最好的青春年华荒废了培养专业热情的机会，还误以为已属于某专业人才，不再学其他知识。

◆ 社会学断不是有些人说的没有什么大用的一般知识，也不是有些人说的只对社区工作有帮助的学问。社会学乃是对公共管理、工商管理等很大范围内的工作均有实用价值的知识。

职业到底是什么?

某个职业需要的大部分技能都不是学校相关专业直接教授的东西，这些东西和职业之间的关联是很有限的。

职业是什么？职业是需要一套特殊的职业技能来做的社会上的工作岗位。专业不是提供一套体系去做一件事情，而是有一套体系让人得到文凭。它们的目标是不一样的。下面，我想跟大家分享一下职业到底是什么。

我们的大学设有很多专业，比如法律、计算机、生物科学、美术、化学、新闻、管理、应用物理学、俄语、环境科学、音乐、舞蹈、国际贸易、金融……

在这些专业中，有一些听起来有点儿像是职业，但是大多数都和职业差得很远。比如化学，有职业叫化学吗？没有！有职业叫美术吗？也没有。实际上，能用到这两个专业的职业是老师。那么，有职业叫法律吗？有工作叫应用物理学吗？有工作叫计算机吗？都没有！但是说到环境科学，就好像离职业比较近了，社会上有环保部、环保局、环境监测站。化学离化工、法律离法官看起来靠得近一点，其实还是挺远的。

学美术的跟拍照的有关吗？有。拍照和美术最有关的是构图。普通人拿手机拍照，水平高低就看构图。这是基本的美术素养。把人放在左边，右边，还是中间呢？这都是有讲究的。所以说构图很重要。

拍照是一种职业吗？是。因为有一种职业是摄影师。画画是职业吗？也是。因为有一种是职业画家。但是，有几个人将来想做专业摄影师和专业画家？那么，学美术更有可能做什么呢？设计师。

设计师主要干什么呢？或者说，一个设计师是怎么干活的呢？

设计师最重要的是有自己的理念和思想，有创造和创意。我在中央美院设计学院专门教概念设计。其实，每个公司都会有专门做产品设计的。但是每100个设计师里面只有不到0.1个会说："我要把我的想法表现在一个产品里面。"我们最大的问题是，很多中国产品设计师不懂消费者。因为他们都是学美术的，而所学课程里没有讲消费者心理学，没有讲消费者行为学，没有讲怎么洞察消费者需要。

作为美术系的学生，要想成为一个商业设计师，很重要的一点是：要知道自己为谁而设计。同样设计一个瓶子，就可能有10种设计方法。方法不同，这个产品就可以是中高端，可以是中端，可以是中低端，可以是低端，也可以是超低端。仅仅是瓶子的样式，就会导致消费者的选择不一样。这就是我们要洞察消费者的原因。

因此，在当今社会，要做一个设计师，不仅要学美术，也要学心理学。在同样学美术的人里，要想超过另外一人，最关键的一点就在于要去学一些消费心理学，或者去学应用心理学。作为一个职业，同行竞争的时候，拼的不是美术实力，而是懂一点儿市场，有设计的概念。如果同班50个同学全部都没有设计的感觉，就你有一点点，你就能脱颖而出。

这就是职业的要求。一个公司为什么要求产品设计有感觉？因为产品是要卖出去的。不能说设计师表达完了自己爽了，然后产品卖不出去公司就倒闭了。

又比如学摄影的同学，发现电子商务现在发展得很好，就想做电子商务。但是，在电子商务里什么最重要呢？没错，是照片。

照片对电子商务重要到什么程度呢？电子商务投诉中第一名就是由照片引起的纠纷，也就是说产品实际和照片不符，有65.7%的人投诉这一条。

电子商务网站上的照片有两种拍照方式，一种是自己拍，占80%左右。就像在淘宝里开个小店，实际上很多商品的照片都是自己拍的。然而自己拍的照片，质量不好控制。有时候挺好的产品也卖不掉，很多情况下就是因为照片拍得不好。

另一种是找专业摄影师拍，占15%左右。大家都知道，专业的摄影师最大的特点就是把所有照片拍成艺术照，哪有拍得不好看的？所以，专业摄影师拍的照片纠纷最大，大概是70%的纠纷率，比平均率都高。因为它经过了美化。

又比如学法学的。法官和检察官还不一样。检察官更加接近律师，因为要控诉；但也有一点儿像公安，因为要去侦查。法官更多的是坐在桌旁看案卷，决定判案。如果你去做检察官，其实是做不了的，因为你从来没有受过刑事侦查训练。

我刚在北京工作的时候，没事就去火车站，大概看一眼就知道谁是小偷。小偷也是专门训练过的。要抓其同伙，就得读懂他们的行为特点：眼神、手势、几个人一起前后走……这是有专业技能的，但是没有这种技能就分辨不出来。所以，做检察官用的基本不是法律专业所学，大部分内容跟上课所学的没有关系，相关性绝对不会超过5%。

要记住，我们想做的任何一个工作学校都不会教，而学校教的那些基本都是工作中不会用的。因为学校里的老师几乎不可能被社会上的单位聘用。我们的很多老师当初在搞不清楚的情况下考了硕士，硕士找不到工作又不得不考了博士，博士还找不到工作就只好留校了。留校后也不知道怎么在社会上挣钱，就给大家讲课。大部分老师都是这样的，当然也不排除少数有热情的老师。

而普通高校的大部分学生，将来不是为了当博士或博士后，也不是为了留校或者到其他学校去当老师，也不是为了做教学、科研工作。本科生中95%以上的人都要到一般岗位上，大概只有1.5%的人会走上创业道路；另有2%～3%的人会到教育、科研岗位上去。依职业对大家的要求来说，不管你是学什么的，你学的内容都是不够的。

过去我们知道，学中文的人最适合到党政机关当秘书去。现在发现学中文的人不可能到党政机关当秘书了，因为那是公务员，跟中文没什么关系。那么，学中文的人到底能干什么呢？什么都能干！至于具体能干什么，要看会写什么样的中文了。有的会写文学批评，有的会写小说，有的说会写诗歌，有的会写会议纪要，有的会写借条，有的会写领导讲话的报告（这属于高级的一种），还有的会写合同（因为兼修了法律）……社会以你会写哪种应用文体，来判断你这个人有什么用处。

比如，有很多同学连借条都不会写。写借条是有格式的："兹借到团委李书记人民币1 225元整。定于一日后归还，无利息。此据　借款人×××。"会写"兹借到"和"此据"，你的老板对你就刮目相看了。这表明，文字在一般知识层面中，体现为孔夫子在《论语》里是怎么说话的，《春秋》、《左传》里说了什么东西，鲁迅曾经说过什么……但是在职业层面中人们想知道的是：我怎么能够用你？

我能与大家分享这么多，是因为当中的大部分工作我都干过。我刚毕业的时候去当公务员，还从领导文秘被选作公务员，那时是很有前途的。由于在司法部，我可以兼职当律师，所以我做过律师。同时，我又很爱写作，所以也在写书，我开始创业的本钱就是写书的稿费。创业之后，要招很多同学给我们做社会访问，所以我开始在学校里讲课，成为将近40所大学的兼职教授。除了讲课之外，我还主持节目。除了主持节目，我还去旅行，达到了旅行家的程度。我到17个国家当过旅行大使，还出版了游记。除此以外，我还当过诗人，出版过诗集。我还顺便干了很多其他事情。

我特别想告诉大家的是，**大部分职业与多学科相对应，而不是与单一学科相对应。我们以职业选择来规划专业学习的时候，才知道大学阶段单一的专业学习并不合适**。下面试以8个热门职业所用到的知识结构为例，与大家来分享应涉猎的专业学习。

投资经理——没有专业限制，要求多方面的社会见识；身体素质好，能抗住持续的高强度旅行；最好能有数个不同行业的实习与工作经验；能很从容地与人打交道。相对而论，数学、财务、经济学、工程学知识比较有用。

咨询顾问——原则上没有专业限制，要求有跨领域知识与较多的社会见识；身体素质好；沟通能力优秀；最好能有数个不同行业的实习与工作经验。相对而论，工程学、管理学、医学，以及有分析技能类的学科如地质学、生物学、化学、社会学、经济学、心理学知识，都比较有用。

财务经理——有专业限制，适合财务会计专业、金融财政专业的学生，也与数学、管理知识相关。现代财务经理需要有超越财务部门主管的更宽的管理视野、财务资源整合视野及以财务驱动经营的发展视野，因此对其在社会见识面上的要求非常宽，学习财务会计的年轻人应争取在大型公司、创业公司的财务部门与专业会计服务机构有多元的实习经验。

设计师——有一定的专业限制，有美术与绘图基础者更佳，但现代设计需要有熟悉市场信息的能力、跨界设计的见识、重视服务对象的设计角度。传统的有美术学院背景的艺术型设计师将为服务型设计师所替代，因此，需要增加市场营销、企业管理、跨文化管理的能力与意识。

公务员——基本无专业限制，需要较强的社会见识与社会沟通能力，有实务见识者最佳。与目前的公共管理与行政管理专业基本无关，但有社会学、心理学、经济学、传播学知识，并掌握对应专业管理领域专业技能者较好。

律师——有一定的专业限制，需要较强的社会见识与非常强的沟通能力，还需要具有比较强的文字敏感度与表达严谨度。除法律专业外，金融投资学、管理学、经济学、社会学知识有较多帮助。

媒体采编导演——基本无专业限制，需要较强的社会见识与文字和口头沟通能力，在实习中应向有实务经验的采、编、导、演人士学习。与目前的新闻传播专业基本无关，但有社会学、心理学、经济学、文学知识，并掌握对应专业媒体领域知识者较好。

职业经理人——基本无专业限制，需要较强的社会见识与沟通能力，有较强的团队意识与团队工作经验。与目前的管理专业有一定相关，但有工程学、社会学、心理学、经济学、历史人文知识，并掌握对应行业领域知识技能者较佳。

从以上8个职业领域的情形中，大家可以大致知道，现在很难有一个合适的专业与之对应，而跨学科多元知识的价值更大，社会见识与沟通能力的训练更重要，对实务的了解更必要。

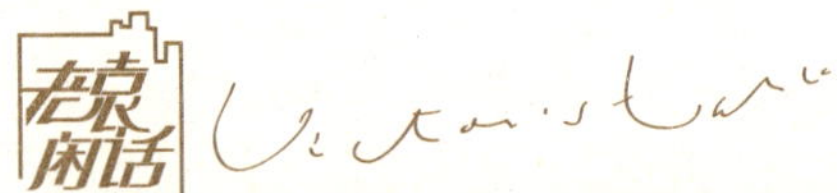

◆ 不要把你学的那一点点专业东西真的当回事儿，未来没有一种生意是简单对应于一个专业的，最好的专业与某个生意的对应度也就是10%～15%。所以要留心人、留心社会、留心多样的知识，生意人的本质是无所不用其极地发现市场需求，并用各种知识与能力抓住它。

◆ 成功的管理主要基于管理者赋予被管理者的意义（从而需要更高质量的沟通）、能力（从而需要更高质量的职业技能资源与示范行动模式）、权力（从而需要广泛的授权、行动空间与对于合理犯错的容忍）。

通过校园更新知识，同时更新人脉

实际上，在我们职业成长的过程中都会有一条线。这是一个阶梯式的成长路线，它往上走，停一下，然后往上走，再停一下。很多人都有这样一种成长路线，特别是企业的资深人员，包括长期人员，每过一段时间，公司会为他安排一个特殊的学习机会。这个学习机会多种多样，有的时候是进修，有的时候是实际的锻炼。比如，福特汽车在培养其所谓的全球跨国领导人的时候，用的方法就是让进入后备干部队伍的员工每过一段时间就轮岗去一个国家，等有了一定数量以后，再对这些人进行一次综合评价，作为派往另外一个重要地方去当一把手的预估。

我自己采用的也是这样一种方式。我每5年留一次学，除了本科和第一个研究生是在上学的时候直接读的，后面差不多每过5～6年进修一次。最近的一次学习是2007年在耶鲁做世界学者。而我在每个时间段学的专业都不一样：本科学习的是法律，硕士研究生学习的是刑事诉讼法，博士研究生学习的是社会学，在哈佛留学时学的是管理学，在牛津做访问时专攻流动人口劳动力的问题，在耶鲁做访问时研究国际关系……每一个时期都有所不同，但是它们又跟我要做的业务有很重要的关联。

所以，同学们不要把自己在大学获得的学历或者学习的专业看得那么重。尤其是一些非名校的同学，其见识相对来说会少一些。非名校不像名校那样，很多名人愿意去做讲座。我以前在南京大学和西南政法大学读书。相对而言，这两所大学在名校里面不是那么有名，尤其是西南政法大学，很少有人去做讲座。所以，我们在学校里就只比两件事：.第一是谁看的书多；第二是谁发表的论文多。

本科四年，我在南京大学一共读了390多本书；硕士生三年，我在西南政法大学一共读了将近900本书。这些都是课外书，不算专业书。后来，我慢慢把读书的效率提高了。因为知识在不断地更新，导致我们学习的每一样知识都接近过期了。过5年，我们现在学的东西就都out了，不足以应付将来任何一个局面，而且我们学的任何一个专业都不足以匹配任何一个具体职业，这就意味着我们要不断地学习。

校园的一大重要功能就是更新知识。大学有一个特点，就是大。什么叫大？就是学科很多。以公共管理学为例，本专业的课基本上与职业需求相反。但是社会上的公共管理要运用法律，所以公共管理专业的学生最好去旁听一下法律系的课。另外，公共管理研究的是变化中的、新的管理方式和服务方式，所以社会学和心理学的知识是非常有用的。在大学里很重要的一点是，要以更加广泛的方式来学习。对于公共管理专业的同学来说，最好能分出2/3的时间来旁听其他专业的课程。学校里有各种各样的学科，而且图书馆里有各种各样的书，多涉猎一些，均可以作为专业的辅助。

这一条线是跟其他领域组合、扩展知识面；还有一条线是持续地在同一条线上，有意识地停顿下来学习新的东西，再朝前走。我希望，这两条线能够印在同学们的脑海里。当然，这两条线都要以爱好作为出发点，而爱好最重要的出发点是见识，在见识中才能比较出自己的偏好来。

当然，通过校园，我们不仅仅是在更新知识，同时也是在更新社会人脉。

在一个专业里，真正能给自己帮助的老师不是很多，但有些老师还是很不错的，会给予我们很好的点拨。如果你在本专业学不下去，也许在跨专业的学习过程中会有好的灵感。你还可以把灵感与不错的老师或者不错的高年级同学交流，这样你就会找到在知识领域的良师益友。当年，我在读硕士的时候，就认识了超过10位在法学界鼎鼎有名的人物。这是因为我在读硕士的时候会去参加各种各样的研讨会，每参加一次研讨会都会准备一篇论文。这些研讨会和25篇论文让我认识了很多良师益友。

有了这些人脉，你在外面走的时候，寄托于新获得的人脉，就可以调整一下原来做业务的模式，或者创建一个新的业务模式。你会发现一件事没有你想象的那么难，成功率也是很高的。比如，我在创业以后，所办的所有公司从来没有关门倒闭的，只是赚得多与少的问题。这就说明了一点，当有足够的知识、人脉和资源支持的时候，你做事情的风险系数就大大降低了。

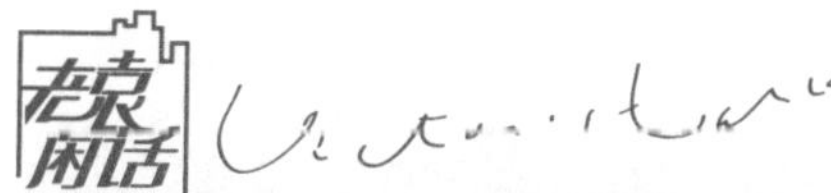

◆ 我把大学生黑苹果看成一颗颗饱满的黑苹果籽，需要进入土壤吸收营养、得到水分，在适当的条件下发芽。我把校园看成那样的园圃，也把你们看成茁壮的小苗。

◆ 大学生黑苹果需要嫁接，需要与很多社会元素嫁接。向人学习、向自然学习、向其他文化学习，在行动中、在社会实践中学习。在野外进行的知识与经验的嫁接过程让大家成为更有生命力与受社会欢迎的黑苹果树。

Try一下，才知道是不是你的菜

其实，你比你想象的更加敏感，能力也强得多。如果抽象地问你：

“你喜欢吃世界上的哪一种菜？”也许你回答不出来。因为世界上大部分的菜你没吃过。但是，如果在你前面放上24个国家的菜让你去品尝，尝完之后，你就能答出来了。同样，抽象地问你：“你喜欢哪一种女孩子？”你回答不出来。但是，给你看3个美女，看到其中一位，你的眼睛亮了，自然就知道这位是你喜欢的了，根本不用别人教你。**你是一个正常的人，有正常的反应能力。区别就在于，你是在一个抽象的问题面前选择，还是在一个具象的经验面前选择。**

所以，我希望同学们在做选择的时候，先积累尽量多的经验。在这个过程中，你的本能就帮你解决了一大半的问题。

很多刚上大学的同学，都不知道自己以后做什么工作、喜欢什么工作，就是这个道理。而当你实习完3个岗位以后，在其中选择1个相对喜欢的，这是没有问题的。又比如，你碰到5个老板，与他们接触完了以后，让你选1个你最喜欢的，至少你能说出这个老板长得有点儿意思，或者那个老板你比较喜欢他表面的个性。总而言之，要多给自己制造机会去try，去亲身经历。

在大学时，我做了一件让自己很后悔的事。那时，我喜欢一个女孩子，一直到大三都没有跟她说。快毕业的时候，当我跟她表白时，她说：“对不起，人家正在谈恋爱呢。”我在刚进大学的时候，是一个毫不起眼的丑小鸭，但是我有一个特质，就是想到就要去做，即使没做成也心甘情愿，所以心里很踏实。

不管什么事，我都想去做一下。因为等到哪天自己老得做不动了，老得再没有想尝试一下的冲动了，就真的是什么都做不了了。我觉得，青春时代什么都有可能，try一下，才知道这到底是不是你的菜。因此呼吁大家，趁年轻的时候多尝试，就会知道你喜欢的到底是什么。这是一个人最基本的能力。

大部分的同学，在心还没死的年龄一定要珍视自己本能的反应能力。很多人依靠本能就能找到自己的方向。当然，你需要不断地尝试，认真地寻找。如果你是一个认真的寻找者，就更有可能得到人们的怜惜和欣赏，更有可能碰到良师益友，得到点拨。因为你走在路上的时候，就已经成功了大半。

可以想象，如果你走在路上，正在找路去佘山，你问人说："我要去佘山，怎么走？"人家会告诉你："往那边走。"而如果你坐在屋子里，研究佘山到底在哪个方向，首先这个屋子到底是朝东还是朝南你都不知道，花一大堆时间研究，一点用处都没有。

所以，**我们要在路上、在经验中、在感受中找到自己的方向**。从这一点上来说，同学们都离道路太远。我们坐在教室里，时间长了以后，就会迷失在这里。我并不是说这些没有用，这些本来是很有用的，前提是我们要有方向。因此，建议同学们可以去做公益，最重要的是走在路上。在路上的时候，你更有可能做出自己最朴素、最发乎内心的选择。

总结一下，**我们在大学里真正要做的是3件事**。**第一件事是增长社会见识的容量**。有很多人说大学生智商高、情商低。什么意思？情商就是在不同情况中的反应能力。情商低就是见识的情况少，而且在遇到情况的时候反应能力低。同学们整天在大学校园里待着没什么情况，有些同学甚至连谈恋爱都没谈过。没练过、没经历过，自然就反应不过来，情商就低。所以，第一点就是要增加见识。有人害怕遇到坏人，然而就是遇到坏人的经验和教训都是情况、都是见识。

第二件事是我们要在既定情况里表现得比其他人专业。其实，现在每个行当都有职业标准。当你表现得专业的时候，很少会有人找你碴儿的。就是因为你表现得不专业，人家看你像个菜鸟才会欺负你。他不欺生就对不起自己。所以，我们做过一些事情之后，不管是好的还是不好的，都要善于反思。作为有识分子，或者说作为人，和动物最不同的地方就是我们的反思能力强。这样，一件事情我做过了，下次就可以做得更好。有好的经验下次就吸收，有不好的教训下次就规避。有些教训我们经历了以后还可以在这个基础上寻求更好的对策，这对以后行事是很有好处的。

第三件事就是不要害怕失败。我专门写了一篇文章《害怕失败，什么也没有》。失败无论是在未来职场还是在创业的过程中都会遇到。所谓“高风险高收益，低风险低收益”，风险就是不确定性。要是一件事大家什么都知道了，你就没多少机会了。只有大家对一件事了解得都不是很清楚，对于你来说机会才是很多的。很多人遇到不确定性就直接回避了。但如果我们看到别人都回避了，自己多花一点精力研究研究它，就比大家了解情况，就更可能获得机会和收益。

这说起来很抽象，但是我们可以从最简单的事情开始做。比如，今天我们对一些事情、一些职业、一些人物感到好奇，这个时候就要放心大胆地去做、去尝试，不要因为害怕失败从一开始就放弃，这是最可惜的。

有很多同学想请我到他们学校演讲，但只有为数不多的同学做了尝试。我自己的原则是：如果普通同学邀请我，而我的时间也能挤出来，我基本都会接受邀请。无论是对同学本人，还是对学校来说，我们做的都是一个连接、一种服务。而且以我自己长期的经验来说，当我能为大家做点儿什么的时候，最起码我可以变得年轻一点儿。所以，只要我们投入了，都会有很好的回报；而只要我们认真地去做，都会比其他人做得好。

失败的原因是什么？很大程度上是我们不够坚强，或者是我们的投入不够。当我们投入较多，而且觉得这件事即使失败了也愿意去做的时候，失败的概率其实是很低的。

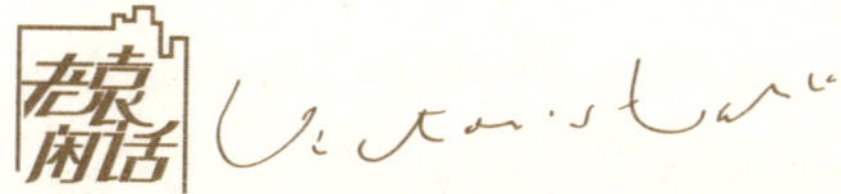

◆ 童心包括什么？一是好奇，就是对自己不明白的东西自然地发问；二是探索，就是对别人解释了的东西，不以知道别人的答案为满足，而要以自己的实践与行动去尝试一下，即使别人严格规定了不可以，还是要尝试一下；三是有自己的结论，在经验的基础上，得出自己的结论或者提出新的疑问。

◆ 很多人就是行动家，所以实效性很强，当然有的时候成本与学费也高点儿，但如果我们把眼睛里有活与手上有活结合起来，那么我们吸取经验教训的能力就强了，对风险与问题的控制能力就会提高，这样成本就可以降下来。

教养与优雅

前段时间，我在以色列遇到贺雄飞，他听说过我写的《调教——独生世代的新亲子之道》一书，便请我在30分钟内给他说说教养的关键是什么。我用4个词、8个字做了概括。

其一是见识——让孩子的眼睛看到社会、人文、自然的各样场景，激发他们自然内在的响应，我相信孩子们的好奇心会有奇妙的自然回应。他们对于各类见识会有所取舍、有所偏好、有所侧重，但见识才能使得他们的选择不是从一开始就阴差阳错、落在偏门。

其二是探索——见识之后孩子们会有所动作、有所尝试。非体验他们不会引为自己的东西，非体验也会使得他们用想入非非作为考虑事物的依据，孩子的探索虽然不是尽情的，但至少是有所参与的。

其三是沟通——在孩子的见识、探索中，他们会遇到很多问题，或者身历不能承受之险，因此家长与长辈基于知识、经验的分享是必要的。沟通首先是一种态度，其次是一种习惯，再次是一种技巧，最后是一种学习。现在的孩子知道的可能比大人还多，如果家长不认真准备学习，在和孩子的沟通中往往处在劣势。这倒也没有什么，至少家长知道了孩子的想法，而且也大可在沟通中向自己的孩子学习。

其四是决策——让孩子学习做决定，并且做合理的决定。在孩子做的决定与你可能做的决定之间进行讨论，分析孩子做不同决定的利弊，并在孩子做了决定后，利用评估决定结果的方式来一起反思。总之，培养孩子的决策能力将形成并巩固孩子的主见，也会帮助孩子形成高质量的独立能力。

教养的目的不是为了让孩子成为家长心目中所谓的好孩子，也不是把家长对世界的判断与选择灌输给孩子。**教养的目的是给家长一个锻炼的机会，让他们学习如何挖掘和发现自己孩子的独特潜力与天分，培养与巩固自己孩子的内在爱好，并让孩子发挥自己的行动能力和习得优良的技能。**

从本质上来说，父母不是孩子的主人，他们只是一个矿工，尽自己勘探挖掘的责任。如果孩子是煤矿，那么就最大限度地让孩子尽煤炭的用途；如果孩子是铅矿，那么就最大限度地让孩子尽铅的用途；如果孩子只是石灰岩，那么就让他们尽石灰岩的用处。用得其所，其情甚配，其用甚佳。如果非要把铅矿当作金矿来开发，把煤炭当作钻石来加工，那么痛苦与郁闷的就不只是孩子或用户，最终还有与家长、孩子相关的所有朋友。国人本来就望子成龙、望女成凤，而在独生子女的背景下，更多的父母为了自己所谓的“不能教养失败”进而替代以包办的期许与行为，而结果就出现了类似背弃教养基本规则的做法，导致了很多可悲可叹的结果。

至于如何教养一个孩子，使其行为优雅，则是更加艰难而重要的事情，可谓“优雅难倒英雄汉”。

一个人喝口茶、发个言、递个文件、问候一下、上个车，都可以有优雅与否的区别。一个人做到聪明不容易，做到勇敢不容易，做到有见识不容易，做到富足也不容易，但我认为最不容易做到的是优雅。我对优雅有自己的解释：它首先是一种样式与仪态、一种别致的身体语言，是要表现出来落在人家眼里的manner；它是一种对待与处理问题时的潇洒动作，同时又是恰到好处的分寸把握；它是一种素养，一种接近于习惯与自然的娴熟的行为模式，只要不够娴熟就会显得做作，让人感到腻烦。

所以，一个人可以腰缠万贯，但是不优雅就会显得像个土财主；一个人可能很有智慧，但是不优雅就会让人觉得是恃才傲物；一个人也可能很有权势，但是不优雅看起来就会像个贪官。我曾经听一位国学专家说，人们学习礼仪知识，是因为人要真能道貌岸然，做起苟且的事情来是很难的。我想，也许有优雅举止的人做起人所不齿的事情来也会多点儿心理障碍吧。

优雅往往不是一个持续的行动，而是人的行为的某些关键点。优雅有尊重别人的意思，坐法、吃相不会太粗俗难看，让其他人觉得有空间、不尴尬；优雅有拿得起放得下的意思，是明白地球少了谁都会转，不会出点儿情况就急赤白脸，笑对得失、处变不惊；优雅是同样做一件事情，可以自己有说法，让人家有想法，里外透着有点儿意思（这些意思早些时候可能是有心做的，而到后来就熟练成了习惯）；而最重要的是，优雅提供给人们一种会心而舒服的肢体语言，让人们更容易欣赏、接受与优雅相处。

虽然长得美可能被认为是端正、好看，有本事会被认为是品性优秀，有钱可以让鬼来帮他推磨，而这些对于优雅的形成多少都有点儿帮助（穷困的人可能顾不得优雅，本来生活很局促的人对优雅的价值也不太会认同，优雅至少需要体面），但是唯独有这几样的人很少能装出优雅。这是因为：**优雅需要见识，需要用心，需要智慧，需要坚持，需要互动，需要领悟，需要配搭自身的条件，有时甚至需要耐心地听取别人的建议。**

优雅是一种家教，涉及耐心、互动、敏感、通情，是我们打小就应该受到家长影响的。优雅也是一种社会环境的学习，我们要多从优雅的人身上学习适当的礼仪举止，不要老是一副“死猪不怕开水烫”的样子。甚至，我们专门学习一点儿优雅的课程与知识，也未尝不可。要知道，在吃饱了可以撑着的今天，人们会花更多的时间琢磨别人的举止，并以此取人。优雅需要投入，但优雅也富于产出。

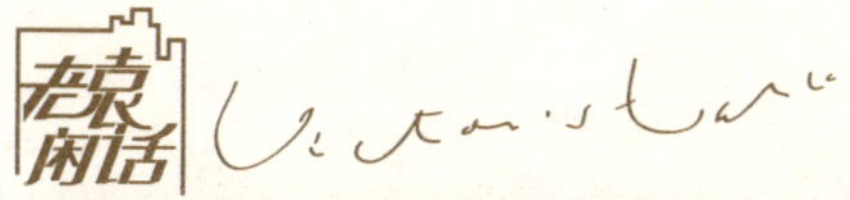

◆ 变漂亮了又怎么样？！你以为可以因此得到一个相貌更好的异性，或者可以因此而变得更加开心？！其实原本漂亮，在人老珠黄的时候会更加失落。因为漂亮而疏忽了内涵的修养，更容易成为他人诟病的绣花枕头。我实在看不出漂亮的实际竞争力，也许有人开心了，但还有更多的人不容你呢。

◆ 男同学，你说个事能不能爽快点儿？！见个人打招呼能不能主动点儿？！有个事你能不能担待点儿？！我觉得妈妈们真的别那么爱男生，我实在受不了有些男生被养得如此阴柔、如此消极、如此磨叽！

青春不应被浪费

4 世上无难事，只要肯折腾

◆ 正是因为有人折腾，世界才会有进步，社会上的危机才会有人去担当。而且在折腾的过程中，人们可能会发现自己的潜能与优势，找到成就感与自我认同，也能得到别人的赞许与辨别。

◆ 年轻人在大学里天然的权利就是增加阅历，去试一试，试过了之后发现自己不适合，才会心甘情愿。

◆ 社会版大学生会比其他学生率先适应社会上的情况与规则，从而占据时间点上的优势。因为他们较早拥有意识和社会参与经验，能避开更多的误解、埋怨和心理反差，从而更快地得到认可、更多地得到资源、更强地得到推崇。

◆ 创业是什么？就算钱不见了、就算破产了、就算不挣钱，我还愿意干！

年轻人应该折腾、闯荡、走天涯

在做《3Q very much》节目的现场，我与现场的朋友讨论折腾的价值，其中一位分享了自己的故事。他从小就爱做饭，尝试了各种做法，父母不愿意他浪费材料，要他拿自己的零花钱买菜折腾，他就真这么干了。然而，还有一位朋友的情况却完全不同。她自己要学十字绣，外婆不允许，理由是可能会扎到手。另一位小朋友爱玩足球，家里人对他提出的要求是在做好作业的情况下才可以玩，但是不鼓励他与陌生人接触。

大家可能都认同，在热播的《喜羊羊与灰太狼》里，灰太狼是很能折腾的。它虽然经常失败，但是仍然坚持不断创新，而且屡战屡败，屡败屡战。虽然它是一只狼，但其实代表了一种精神，就是那种“我会回来”的折腾精神。也因为有了灰太狼的存在，羊们才有了迎战与进步的机会，否则它们就只能待在青青草地，成为肥羊，最后老死在草地上。

折腾的人往往不怎么招人喜欢，但是我们要知道，**正是因为有人折腾，世界才会有进步，社会上的危机才会有人去担当。不折腾只会导致停滞甚至退步。而且在折腾的过程中，人们可能会发现自己的潜能与优势，找到成就感与自我认同，也能得到别人的赞许与辨别。不折腾，大家注定就只能平平庸庸，在平庸中丧失一切敏感的感觉。**这点也能从《喜羊羊与灰太狼》里体现出来，羊们的缺点与优点正是在对付灰太狼的过程中才得以显现的。

我们讲折腾，就要说清楚，所谓折腾是这样的：

首先，你必须有一些自己想做的事，这非常重要。如果你想做，没有人鼓励你做，但是对于你来说，这种不鼓励同样是没用的。比如，你父母管你，特别是女孩子父母会管得比较多，你可能就没法按照自己的想法去付诸行动，因为受到了种种约束和限制。但是，我遇到一个学外语的女同学，她就跑到青海去做公益。当时她学校里的很多人都觉得这不可思议，认为她是一个奇葩，放着发达的、近的地方不去，干吗跑到那么落后和偏远的地方呢？做公益跟她学的外语有什么关系呢？可她就是坚持每个学期都要去一趟，这就显得她跟别人很不一样。喜欢就应该像这样去做事，做一件你内心真正想做的事。

其次，我们衡量一件值得折腾的事情往往有两个标准：第一，你觉得这件事情很有价值；第二，你觉得这件事情没有坏处。如果一件事情是有坏处的，你也知道它有坏处，所以要去干一下，这不是我们说的折腾。而现在有一件你很想做的事，好处很明确，或者它没有什么坏处。比如，有一个女生跟父母说，暑期计划出去转一圈，准备花4 000元，走7个省，看看自己能不能做到。她选择从浙江出发，然后到新疆，转了一圈回来，路上还挣了3 000多元。很多人不理解，说这么去转了一圈回来管什么用呢？有什么意思呢？有的人觉得这挺正常的，可这个女生通过行动证明了，4 000元可以转一圈，而且还能挣钱。

那么，这个女生是怎么赚到3 000多元的呢？这倒是蛮有意思的。在路上，她在火车上帮人家做咨询，还帮人家孩子辅导一个星期英语。这就是说，她一是对人有一个起码的信心；二是能辨别起码的事态，不会把自己给卖了，还帮人家数钱。

当然，从正常的角度来说，我建议大家，折腾要适度一些，别一开始就折腾一件大事，这得慢慢来，折腾也要循序渐进。先做一件小事，然后做中等程度的事，再做大事。

再次，折腾前要做好充分的准备。我鼓励大家创业，也鼓励大家做作业，因为创业之前你必须先做一番研究。比如，去帮人家做一个心理咨询，就别先把健康的人给气出毛病来。这件事情有什么要求、应该是怎么样的，都要研究清楚再去做。

在我看来，大部分人没有什么太大的不同，只是行动的差别。读大学的年龄是形成自己能力最强、最好的时候。你本来就像普通的陶土，可以做成一把很好的茶壶，结果却被做成一个歪嘴的茶壶，这时再把你打碎了重新利用，就不可能做成最好的茶壶了。所以，我们要有自救的概念。

自救，而有人救；自助，而得天助。就是因为你表现出积极向上的态度，愿意去探索，愿意服务社会，愿意做这件事情；然后，别人觉得这个年轻人不错，你就会得到人们的欣赏。人们会认为，脑子很清楚、愿意建立自己能力的年轻人不是很多，所以人们会帮你。

如果人家问你："你准备做什么？"不知道。"你想做什么？"不知道。"做这个？"不喜欢。"那个？"不喜欢。你一问三不知，人家就会不喜欢你。但是，你只要折腾的话，就会从折腾中建立起自己独立的能力。三十而立，就是指一个人有独立的人脉、有独立的考虑事情的能力、有独立的主张。当一个人有这三样东西的时候，就是一个真正的成人了。而如果你一说关系是你爸的，一说意见是你妈的，一说能力也不知道是谁的，这算什么呢？你什么也搞不定，那别人怎么用你？三样独立能力里有一样，人们就能知道怎么用你，有两样就算很优秀，有三样就叫非常杰出。在折腾中，这三样东西都会获得。

而且，二十几岁的时候是最应该折腾的时候。等你真的到了28岁或者30岁以后，你会发现有太多人跟你说："别折腾了。"有太多内在的自我提醒："算了。"有太多的因素，包括你长期在校园里不活动而形成的惰性告诉你说："其实大家都这样。"当然，还有一些人，在你18岁的时候就告诉你："将来找个安稳的工作就行了。"

外面的声音，里面的声音，都在你最应该折腾的时候，告诉你不需要管这件事。等到有一天，你想去关心这件事的时候，it's too late。**等到30岁以后，你最有可能转变成另外一种人：赶紧结婚，生一个孩子，然后把自己没有实现的愿望寄托在孩子身上，希望他替自己实现。这就会成为你第二场悲剧的序幕。**那个时候，你就会开始不顾孩子的喜好，一味地想把自己的愿望强加在他身上，就像你身上的负重，部分就是你父母的理想和你老师的科研任务长期结合的结果。

折腾基于好奇，基于不满于现有的解释与状况，也不简单接受别人的安排，因此要颠覆或者变动原来的考虑与秩序。这个时候，站在原来的安排者与秩序维护者的角度来说，就觉得这是折腾了。但折腾者往往希望透过变动寻找新的角度、尝试新的可能、找到新的解决方向。从这个意义上来说，折腾是革新的力量，也是推动变动的动力。

当然，如果只是简单挑战，折腾也很有可能是成本高而收益低。因此，**折腾者要在知识与见识方面做更多的积累，才可能在折腾中真正优化**。一方面，折腾者在很多时候往往趋于少数，因此他们的压力很大，也非常需要被关心，他们也会珍惜那些别人给予的友谊与帮助；另一方面，折腾是一种亚文化，折腾者在应付挑战中行走，一般比不折腾的人更敏感、更机灵、更能应付危机。在一些老大笨重的组织中，激励与鼓舞折腾是组织获得活力的关键。只有那样，组织在应付外界进展与内部问题时，才可能找到一些有新营养的答案。

但在许多时候，问题很大部分在于许多个人与组织在取得了一定成就之后停止进步，这是不再折腾而导致的。其实，他们只要能激发与鼓励团队中涌现适度的折腾之才，那么任何问题都有解决的希望。世上无难事，只要能折腾。

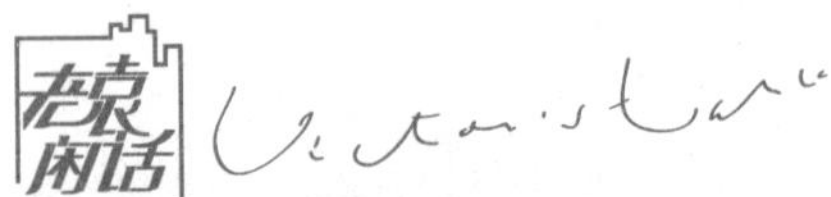

◆ 旅行中的人的时空观念与我们相比有很大变化，对于跨越大的空间不会有特别不得了的距离感，地理空间的随和性缓解了跨越距离时的焦虑感。那些有旅行知识的人与我们分享灵动的故事，感动着我们、吸引着我们。自小在我的心目中，有旅行经验者就值得我尊敬。

◆ 小时候我一直在想，有一天能环游世界就好了，好像至少有70%的年轻朋友也有这样的想法。我那个时候就爱向外跑，跑啊跑，就喜欢上旅行了。但有的人就是想啊想，真开始跑的时候已经不喜欢了，也不明白我的乐趣了。

◆ 我非常喜欢旅行，因为可以看到不同的当地人文，见到不同的当地朋友，吃到不同的当地食物。不过，在旅行中遇到以下三样东西是我不希望的：一是主人盛情邀请你在高级酒店里吃酒店餐与外地菜，而不是在地道的当地餐馆；二是主人热情地给你介绍他们的工作报告；三是主人安排你看他们的旅游景点。

再不实习，你真的完蛋了

我参加《职来职往》这个节目时，每次都会招几个人回来。在正常情况下，我参加一场活动会招两个人。看过《职来职往》的人应该都知道，在每一期节目中，那个曾经考试成绩最好的学生在应聘的时候一定是最惨的，没有例外。这是为什么呢？你会发现，他就是考试成绩好，除此之外所有的事情他都不懂。这样的人即使在校学习成绩再好，在踏上社会之后的竞争中还是会被淘汰的！

实习的本质，就是扩展见识。从一个非常功利的角度来讲，如果你有实施的阶段，你真的试过几次，那么你给人的感觉、你的机会就是完全不同的。你的考试成绩能得六七十分，再用其他的时间和精力多去实习、多去见识，那你还有一点儿优势。等你用全副精力对付考试，考到100分以后，你的优势就完全丧失了。所以，你要把主要精力放在实习上，反其道而行之。这样一来你就有感觉了，就像我们通常讲的“手上有活儿”。

我们经常说：“行家伸伸手，就知有没有。”这就叫“手上有活儿”。从小我妈就跟我说，眼睛里要有活儿。她的意思就是没事要找点活儿干干，到现在我也经常干活，而且干得挺多。我的助理曾问我说：“袁老师，挺累的吧？”我说，累什么？今天比较轻松，到现在为止这才是第三个活儿。我多的时候一天干八九个活儿，晚上还写1 000字，天天坚持写！四个月著一本书，很多大学老师四年都出不了一本书呢！从小我妈就拉着我“实习”，我实习过养猪、养羊、养鸡、浇水、挑粪、除草、施肥、捡棉花、扛粮包、杀猪，一条龙。总之一句话：“有活儿。”

我上大学的时候，更感觉到“有活儿”的人就是不一样。我到老师家，看见地上很脏，就扫地。扫完之后一看，菜都买了，就把他们家的菜都给洗好了，也都切好了。切好以后，菜也接着炒好了，直接请吃吧。那个时候大学食堂的伙食不是很好，我就轮流到老师家帮忙收拾、做菜，相当于一个管吃的保姆，但是吃得比较好，而且老师们都很喜欢，不停地称赞：“这个孩子真是不错！”

我们校长家有很多书，他曾对我说，看哪本书合适就随便拿着看。我在他们家吃完、喝完，然后还看书。反正闲着也是闲着，就看了很多书。到现在，我看书看惯了以后，就像干活儿一样，不看书就难受。现在我一天看一本书或者两本书，很多人都不信，看书怎么能看这么快呢？因为到老师家看书，书是他们家的，我不可能整天带在身边看，就只能趁着上他们家的半点儿闲工夫看完一本书。谁说非要一个月看一本？还可以一目十行地看，这是一个技能，看惯了以后看快书就跟吃快餐一样。

所以，同学们要特别重视接触社会。哈佛大学商学院院长说，管理是一种实践智慧，很多实践的人未必有智慧，但是不实践的人就没有智慧。哈佛商学院上课时的讨论方式很有意思，老师基本不讲课，只在事先发些材料，同学们看完材料，就开始做案例讨论。有一个发言分，举手发言就得分，发言内容对不对不要紧。最后，老师总结，今天同学们的讨论很好，然后继续发材料，第二天大家继续讨论。这些老师是很省力的。

后来我觉得哈佛老师的水平并不像想象中的那么高，就去问他。老师的想法是：“我那么累干吗，要让同学们累。大家累了，手上才会有活儿。”我回头一想，发现很有道理。哈佛的小组作业是两个人模拟谈判，两个人谈得跟真的一样。中国学生老做不了这种作业，因为进入不了角色，两个人谈着谈着总觉得很可笑。其实适应一段时间，慢慢就进入角色了。今天我们的学校里也应该设置这种课程，让大家在真实的生活里得到锻炼。

比如，学设计类专业的学生，怎么才能增加一些市场的感觉呢？可以到猪八戒网多做一些用户设计的任务。关键在于，我们如果总是待在学校里，无法增加对市场的感觉。要多和社会上的人接触，说不定有人就能与你分享一些不同的机会，与你分享不同的智慧。

◆ 小时候母亲告诉我，小孩子眼睛里要有活，不要老等别人招呼。因为这般家教的缘故，所以我一直比较注意观察，因而今天做着工作自有乐趣，创业后更感到这句话在人才判断中的大价值。现在我去看我公司里很多同事的眼睛里有没有活是个大分别，而眼睛里有活与手上有活统一起来的就是个大人才了。

◆ 一些学某个专业（电子商务、物流、金融、旅游、连锁、设计、文化创意等）的同学到毕业也不知道自己学的东西是怎么用的，我建议大家可选用以下学习法：经常参与行业论坛、行业实习，寻找行业中的良师益友，认知与培养某个真实的行业技能，让自己心里有以操作经验垫底的数。

很行，不是书上看出来的，是练出来的

我有一个实习项目是带高管一日助理，让同学们跟着我去听我谈判。谈判到互相都不妥协的时候，为了做成生意，就要威胁人家。只有威胁人家，人家才会签协议。真实的谈判并不是一下子就说“好，好”，而是要反复谈的。学校里老师不会给你讲这些，你只有亲眼看到了这个过程才会有感觉。

我认识一位上海视觉艺术学院播音与主持专业的同学。一次，他问我：“袁老师，我们跟其他专业的机会不一样，没什么机会去正式的节目实习做主持人，你说我该怎么办呢？”我说：“实习干吗非要主持节目呢？而且主持节目这件事本身有人管着，你也主持不好，你可以换一种主持，比如去帮人家主持婚礼嘛。”这个同学从研一开始到博士生毕业，主持了400多场婚礼。他是我见过的学主持专业中最棒的学生。主持婚礼需要插科打诨，有时候要讲得很神圣，有时候要讲得很调侃，这里的空间是很大的。他就从这里面锻炼出来了，而他在正儿八经的节目里都不一定有这么好的机会来锻炼。**社会上的机会和空间是很多的，技能的转移也很多，不是只有那么小小的空间给你去考虑。**

关键是书上讲的与社会上真实的之间是有差别的。社会上的管理，比如说人力资源管理，挑战性非常高。一个公司的老板在管事的时候，要能充分表达自己的意志。但有的时候他也要稍微妥协一下，别把员工

气跑了。而员工在某种情况下，会选择跳槽。所以，人力资源经理最重要的作用是在上面和下面之间维持平衡。在所有部门经理中来论，我认为做人力资源经理所要求的艺术和技巧是最高的。恰恰这些艺术和技巧在我们学习的课程里是一点儿都没有的。书上讲的全部都是基本建设，就和造楼一样。公司要用的人力资源管理的员工刚开始可能完全不懂这些技巧，所有的东西都需要大家一起探索、一起交流才能慢慢学会。

因此，即使你上学时对人力资源管理感兴趣，也一定要去真实地体会一下。你要从实习助理做起，帮实习单位解决一些实际的问题。比如说员工干活干得不好，还经常投诉公司，而他们到仲裁委员会去投诉就会出事，这个问题该怎么解决？这个时候你就可以用上法律和管理技能了。如果你真的有法律背景，能够帮老板摆平这件事情，至少基本上能控制住风险，知道获胜概率是多少，怎么样处理可以减少公司的风险，那么你这个人才就太受欢迎了。前提是你必须充分了解法律在这个领域的应用，而且熟悉应用当中很微妙的地方，比如说仲裁中的一些工作模式和工作机制，不是出自哪个法律规定，而是在实践操练中总结出来的。

实际中，用律师处理这类劳动仲裁的案例比较多。先前我们都用大律师，花几十万元处理一个案子，还打不赢官司。因为大律师擅长挣大钱，虽然名气很大，但干这事就是搞不定。最后，我们选择了一个特别便宜的律师，但胜率特别高。他处理这类事情每次只收5 000元，3个纠纷基本上能搞定2个，因为他专门处理这类事情，过去还很有公益思想，专门帮人家普及知识，这个他就很行。

所以说，很行，不是书上看出来的，是练出来的。你选的领域可能是很有用的领域，但是你在学校所学的基本上是无用的，所以一定要把在书上学到的东西与实践结合起来。在实践中做自己的决定，哪怕做错了都没关系，下次就会好一点儿。对于一个大学生来说，比起其他人最大的好处在哪里？就是因大学生身份容易得到大家对你的善意。大家不会觉得你是来骗人的，社会也会给你机会。多试几次，这样你得到正确答案的可能性就更大了。

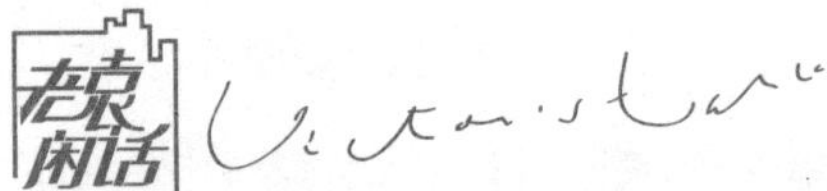

◆ 人本来的能力与能量远远比我们现在的教育与见识开发出来的要多，如果我们早年多锻炼、多行动、多培养闯荡的精神，那么我们在整体的进取心、拓展能力与承受能力上就会不同凡响。我感谢自己生在农村，从小就需要做那么多的事情，也感谢自己身处在平民的环境中，知道勤奋，也能承受磨炼。

过个不一样的大学生活

如果你在中学时代就初步接触了《职业大典》上列出的几千种职业，也大致知道这些职业的内容与所要求的技能，甚至有机会接触各种职业中真实的人物与例子，你完全可能对于自己未来的职业大致有一个比较清晰的轮廓认识，知道自己要选择哪些专业，才能逐渐接近并真正通向那些职业，那么你在选择专业的时候就不会如此盲目。

如果你在中学的时候，就有一些老师告诉你一点儿社会上的职业知识，也让你有机会接触一些社会上的职业人士，甚至有机会去一些单位做点儿短期实习，你就能大致决定这样一件事：由自己提供一个选择性的专业选项，而不只是由父母、老师、亲友与学校调配来决定你的专业选择。

如果你在上大一的时候就认识了一些同专业的工作岗位上的校友，而且有机会组织一些与外部有联系的专业社会实践团体，如陶瓷材料学生研究会、财务与人力资源协调俱乐部、机械爱好者协会等，你就有机会借助这些渠道与社会上或者专业上的人士沟通，在学习一些书本知识的同时知道社会专业的真实内容，也能激发出对自己所学的相关专业的兴趣。

如果你让自己在上课的同时利用好周末、假期与其他一些零碎时间，听一些行业讨论会、参与一些社会志愿活动、做一些兼职或者访问一些专业人士，**你很可能得到一些远远超出在教科书的格式化世界以外的社会点拨与社会人脉，由此你知道了看待问题的更多维度，而且你能向老师提出问题，甚至在某些方面能够做到教学相长**。

如果你知道了实际工作中的工作量、工作方式，那么你就会懂得多去锻炼身体、多尝试勤奋的模式，就会知道团队协作的意义，就会增加自己书面与口头表达的能力，因为多实践而让自己显得从容甚至有风度。

如果你懂得在自己所学专业里所涉及的一些社会关注的焦点问题，如人力资源专业中的纠纷类型、财务专业中的避税问题、吸引外部投资的企业规范问题、药检验领域中的社会舆论压力问题、限制抽烟与烟草行业发展的两难选择、食品检验领域中的成本管理问题等，这些焦点问题往往超出了老师讲课的范畴，但绝对可以培养自己与社会的连接关系，做到平时观察、社会实践、学位论文选题等方面都有所结合。也许你没有做得那么好，但是完全可能让社会职场对你另眼相看。

如果你接触了社会，就会发现学校的教学有时候会落后于现实的社会工作模式，有时候会限于实验室操作模式而非实际操作模式，而这主要是限于一个学校以整合到的有限资源勉强凑合出的专业。**真正了解到这些情况之后，你就会知道自己真的不能把未来的所有希望都寄托在校园里，而需要用社会职业的目光来看待专业的优势、趋势与机会。**

我曾经是一个大学生，现在工作中与很多大学生合作，也与很多大学生有接触。我愿意给进校的大学生讲这些话：在大学的时候，我们一定要知道，大学生与中小学生的身份是不一样的，不能用与中小学一样的学习方法去对待。

在大学里，大致能学到这几样东西：任何事都是有系统、成体系的，体系化是受过高等教育者最起码的想事情、做事情的模式；大学有专业，因此需要对某一专业的知识与方法达到其他专业没有的累积度，未来这样的累积将成为你的专业标签；大学有更为多元的选择与社会接触、更多的讲座与外来社会人士，我们要学习的不是只有专业知识，也有很多相关甚至不相关的知识，很多你不曾想过或见过的社会实践与见识项目。

在现在的大学里，你可能学不到很多东西：比如，你学的专业知识与对应的职业并不是简单一致的，很多大学老师与领导会告诉你，学校并不提供相应的职业训练；比如，你无法分辨学校里的人际关系与社会上的人际关系在多大意义上有异同，而且很多辅导员老师与授课老师本身对社会的了解也很有限，能给你的指导也很有限；又比如，你听说的大部分社会上的道理、规则、做法甚至倡议，与课本与考试之间似乎并无关联，而且似乎并没有太多的项目来帮助你来建立这样的关联。

大学生还要知道，大学是走向社会与职业的关键一步。你要想让自己在寻找职业与确定职业方向的时候相对从容与明白，就需要知道对于你来说，专业学习固然有一定价值，但是拓展社会见识、发现职业兴趣、积极进行社会实践、积累职业特长是很有必要的。一个大学生需要把校园学习与社会学习相结合，这样才能更好地提升自己的系统思维与行动能力，这两者缺一不可。

另外，在这两者之中，社会实践部分是尤为薄弱的环节，因为人各有兴趣与特点，不能完全由学校包办。因此，个人应该利用假期、周末与业余时间利用社会实践、公益服务、兼职、旅行、社会访问等来扩大自己的社会行动半径，其作用就非常重要。一个优秀的大学生就要有大的学习范围、大的学习半径、大的事业观念、大的选择范围与大的行动勇气。

现在的大学生大部分时间是在校园里度过的，最典型的行为模式是听课、做作业、考试，然后再听课、再做作业、再考试。这在大家看来可能是最正常不过的了，可问题是这些课程与社会职场的期待之间存在太大的距离，这些作业方式与社会要求的知识之间存在太大的距离，这样的考试制约了学生去打开更加宽阔的视野，让大学生也如中小学生一样，在考试和分数的棍棒下起舞。这使得学生在开始的时候认为取得好分数是一种安慰，最后却发现自己失去了判断职场需要与职业爱好的能力，不知道自己的方向在哪里。

当然，这里并不是说校园版大学生是错误的，但这个版本确实存在一定的残缺，如果校园版不与社会版对照互动的话，这样的人才对于社会来说是难以受用的，而对于学生本人来说则是迷茫、痛苦的。

社会版大学生是什么样的？**首先，他们知道更多社会上的情况、场景、行当、圈子、做法与讲究**。社会分场合、分事情、分对象，需要因地制宜、因事制宜、因人制宜。这样的人、事、时、物的构成让他们知道，社会职场远比老师知道的、教科书写的、教学大纲规划的更加丰富、复杂、生动、灵活。

比如，创业要寻找细小的独特机会，招人要有看人的独特技巧，拉关系不是简单的认识；选择什么时候跳槽？要不要在一个单位长待？如何在岗位上学习？如何跨界获得职业能力？如何管理创业或者业务发展中的风险与机会？这其中都有很多种情况，情况见多了就能比较从容地应付，而情况见少了就容易惊慌失措。

其次，社会版大学生在情况中掌握反应的规则，小到招待人吃饭、安排人座位，大到服务流程的管理规则、资源分配规则，其中都有微妙的实际规则。一些规则是明显的，一些规则是潜隐的，但这些规则基本上都不会上书本，也不为社会圈子之外的人所知道，甚至他们也不知道要去学习与打听。我们明白了规则，往往很容易得到社会的欣赏，也能减少沟通成本。而我们不知道，则会被人看成不懂事或者不会做人。

最后，社会版大学生会比其他学生率先适应社会上的情况与规则，从而占据时间点上的优势。因为他们较早拥有意识和社会参与经验，能避开更多的误解、埋怨和心理反差，从而更快地得到认可、更多地得到资源、更强地得到推崇。当那些校园版学生还在苦苦挣扎、知所不喜不知所喜地挣扎的时候，他们已经成为管理者、骨干与上升信道中的领先者。

最接近学生的一些辅导员老师、课程老师、就业指导老师也许已经多少有点儿这方面的压力与意识，但是学校的课程大纲、教学考评方式、老师配置方式、学生课程与社会参与实践配置方面，依然牢牢地牵制着大学生社会化的前行。

我一直在从事针对大学生的黑苹果青年活动，就是要让只会做作业、考试的青苹果同学与社会职场上的红苹果们建立更多的联系，从而在有限的学习时间内，训练他们成为更有社会阅历与保留青春朝气的黑苹果。在这里，青、红、黑是一种相互包含与交流的关系，这也说明了过去单一、天真的学习方式需要为更多元容纳的新学习方式所替代。这是一个历程，也是一个需要教学相长、校内外结合的过程。在这样的过程中，我们成长、进步、走向成熟。

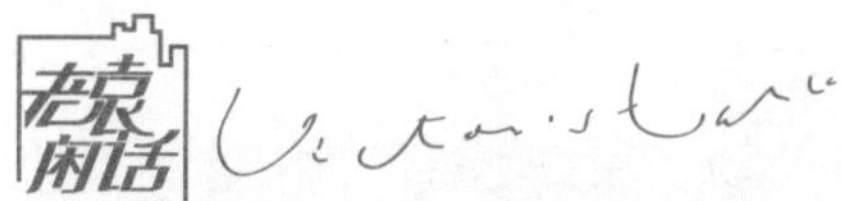

◆ 失个恋又怎么样？有的人可能会在失去的时候纪念原来的人、事、物，也许有的人还会痛不欲生。但是因为失恋，你才会意识到自己的成熟。在情感的失去中你才会意识到自己生存的能力，才会知道自己比想象的更钟情，又比想象的更具有前行的勇气。没有失恋，也许你还不知道自己可能会被美好的事物抛来弃去。

创业的机会都是闯荡出来的

创业机会是不可能在学校里被发现的，你必须到社会上去。一个人在自己周围是看不到生意的，你必须到另外一个环境中去，而且你要很敏感。有人去到陕西的时候，发现那里的农村到处都有文物。当地人养猪用的槽，原来是放在汉墓前的白玉石上的，一卖就值四五十万元。而当地人养一辈子猪，也不可能赚这么多钱！只有有见识的人才会注意到、才能看出它的价值。所以，很多时候，人天天看着一个东西，既看不出机会，也看不出毛病。而见识能够带来机会。

比如，海信电视机将以前的14寸彩电生产线移到南边生产，然后卖给非洲人。结果到了当地，人家说这个产品太高端了，他们喜欢的是9寸黑白电视。非洲的住房只有十几平方米大。这个小窝里还有狗窝、鸡窝、羊窝，中间才是一小块人窝。不管家里多少个孩子，都住在一个窝里。本来就不大的地方，整一台14寸彩电就显得局促，而且彩色的太晃眼。所以，海信开始专门生产9寸黑白电视机，出口非洲。海信说，看来他们来得太晚了。中国的产业资源太多了，只要拿到那边去，都是生意。

很多中国公司现在去非洲拓展市场，如华为、中信。他们的员工如果愿意到非洲去服务3年，给国内的3倍薪水，可是中国员工谁都不去。作为一个普通大学毕业生，到上海、杭州工作起薪是不高的。所以说，我们可以把握的机会有很多。

有人说，华人在非洲不安全。其实，这个概率是非常低的。为什么我们会有错觉呢？因为一旦有什么事故都是全球报道。

而温州人一听说别人不去就立刻兴奋了："好啊，那我们去，别人都不去我们正好做生意。"他们想的跟一般人不一样。就像炒股，一般来说，股市低迷大家都不炒了。其实，正因为股市低迷才应该去炒。别人不进而你进。等将来股价涨上来的时候，人家进的时候你抛。这才是挣钱的方法。但很多人都不懂，就是因为没见识。

为什么浙江人连农民都会做生意呢？很简单，就是走四方。世界上有人的地方就有浙江人。他走着走着就会发现这个地方好像缺什么东西，就把其他地方的东西搬来卖。至于他懂不懂英语、法语、葡萄牙语、西班牙语等当地语言是不重要的。因为，即使你不懂葡萄牙语也可以做葡萄牙人的生意。人家事先把商务上要用到的那些句子写好，写在纸条上来沟通。废话不说，咱就是要做成生意。

有一个浙江人跑到我的老家做打火机生意，此前他是做开关的，但他发现做打火机赚的钱比做开关多。他到我们市里一看，发现道路比较复杂，但是红绿灯比较少。这是个好买卖。他本来要开打火机厂，现在不开了，准备搞红绿灯企业。他大概投了800万元，第一年就赚了2 000万元。他到处走、到处看，看到什么机会就做什么。

全世界最有见识的两个国家，一个是美国，另一个是以色列。一个以色列人在32岁的时候，平均每个人去过12个国家。有的同学如果暑假3个月没有去实习，也没有去创业，那就建议你去旅行。有一个小伙子到其他国家去游学，做了一个网站，专门找名人签名，放在网上卖。他一边在加州大学读书，一边做网站，每年能赚十几万美元，把学费解决了。同时，你想想，他找名人签名，那么他多半是有热情的人。一个人的交际圈子里，要有一些有热情的朋友，他们会为一件事情去狂热、去折腾，这种人是很励志的。

我们当中只有很少人会去闯荡，而其中就有最可能的创业成功者。我们今天大半的年轻人已经被养得没有了骨气、勇气与豪气了，基本上是小猫性格，所以他们说的创业想法多半是梦呓，**梦呓加忽悠就是现在所谓的“创业热”**。

今天还有一些人可能会去闯荡：一是冲动之下而去的，可大多数的情况是，冲动之后就再也不能冲不动啦；二是少数混不下去的人没办法了，只好闯荡了，最后还真闯出来了；三是真有自己的追求与爱好，而且还及时付诸行动的。

我们其实不知道自己是谁，不知道自己的理想是不是可行，不知道自己以为的机会是不是真的，也不知道自己会遇到怎样的困难。而创业是一种行动场景，只有在闯荡中才能知道这些问题的答案。你不去闯荡，一辈子也不知道是怎么回事。

要知道，在这个世界上，绝大多数人都是庸人，成就不了什么伟大的事业，也不敢冒多大的风险，最大的追求就是安稳过日子，还把同样的观念灌输给自己的孩子。而闯荡是一种完全不同的思路，是在行动中去寻找自己的机会，琢磨自己赖以依靠的发展方法。这个思路没有人真正能教你，其他有见识的人能点拨你一点，但是你也一定要在闯荡中，因为不闯荡的人开口提问也是不在状态的。

今天这个社会，做太老实的人有出息的机会不大。现实中最缺乏的就是独自闯荡的勇气，而且父母没有鼓励孩子闯荡的胸襟，老师没有容忍学生闯荡的见识。任何一个真爱青少年的人要鼓励他们多去见识社会，在他们见识的过程中关心他们、点拨他们，而不是把他们捂在怀里。闯荡之后，那些知道自己不适合闯荡的人就踏实了，那些知道自己适合闯荡的人就得其归所了。**如果我们真的要让孩子成为一个创业家，尤其是想培育那些真正适合创业的人，就要从小给他们争取条件、创造条件，让他们去尝试与接触开放的社会，像理解消费者那样去理解陌生人，像理解员工那样去理解小伙伴，像管理政府关系那样去应付父母与各类长辈。我们要把这个社会看成一个让孩子们去尝试与自我发现的场所**，那么我们就不会让孩子成为圈着的宝贝。而那些圈着的宝贝，很可能会成为社会的弃儿。

准备，时刻准备着。创业就是这样一种游戏，**我反对在害死人的封闭场景下，把孩子弄成呆板的人，然后再去忽悠他们创业**。我主张所有的人都呼吁并创造让青少年闯荡的机会：实践、实习、沟通、尝试。然后我们就能得到一种新品种的创业素养，以及真正适合创造的人才。创业从闯荡开始，闯荡从现在开始！

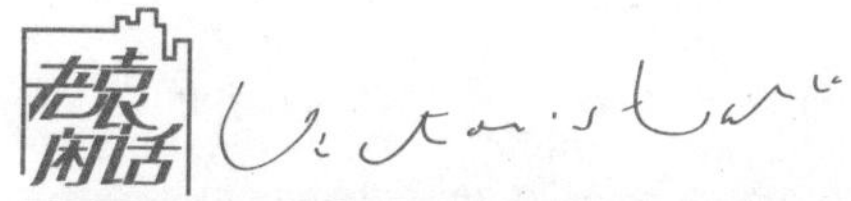

◆ 寻找创业项目：留心者机会遍地都是，别人告诉你的都是他们嚼过的渣。

◆ 你依靠传统关系，那么你的社会机会就会传统化；你走出来闯荡，那么你就有自己独立的社会关系。你的地位是由你的选择决定的。

◆ 服务革命理念前卫时代已经开始。改革与开放极大地扩大了人们的信息获得面与获得量，域外的生活方式、复古的追求、错搭的新设计开始向人们传递超越生活现状的积极信息。否定、跨界、差异与超越的期待，较之传统、保守与区隔，更全面地挑战了现有的服务供应能力。

创业者的特质：爱折腾

有大学生助理问我：大学生创业要具备什么条件？我这样说：

第一条，身体要超级好。这里指体质，既是生理意义上的身体，也是心理素质意义上的身体。有多少同学还早起晨练、平时坚持运动、持续保持强健的体质呢？只根据这一条，就把今天那些创业冲动者中的90%筛掉了。

第二条，有江湖上的朋友与江湖上的见识。你可以没学问，但不能没有江湖见识。浙江人靠四处闯荡的江湖见识发现商业机会，靠江湖朋友与忠诚的老乡管理扛过风险。靠这条，我们可以筛掉剩下的10%中的7～8个百分点。

第三条，没有发横财、圈钱的投机心理，孤注一掷，破釜沉舟。如果你只是出于一种投机收益的思想，那么很可能连本钱都收不回来，这也是赌博的人大半是在输钱的原因。根据这一条，剩下的人就不到0.5%了。这样你就看出来，能创业的都不是常人了。

我在与某个国际客户合作的时候，从额度为2 400元的合作开始，此后每一单可以增长一倍的项目额度，到今天可以合作每单百万美元左右的项目额度，这就是一个能力与信用累积倍增的过程。创业的人并不像大家想象的那样，一定是马云、李彦宏之辈，而更可能是具有以下特质：**平常心**，不是追求大富大贵，而是追求自己想做的事情；**小事情**，不是指望一夜暴富，而是懂得做出业绩，一步一个脚印；**有感觉**，有某些方面的资源与思路，能自圆其说，也能说服伙伴与顾客；**敢行动**，不是光想，而是老练乃至更老练；**勤反思**，不在同一个地方摔跤两次；**善沟通**，关注客户的需要，能够鼓动一些人成为自己忠诚的员工。

明白了这些，再一步步地在实践中发挥潜能，找到适合自己的行为轨迹。这是一个寻常的道理，做到了这样的寻常事情，就走上了创业的常“轨”。但是，如果眼高手低，一开始就想高台跳水，就连平常的一点业绩都做不出来，就连起步都起不了。其实，绝大多数生意都是从平地做起来的。

当然，我们都知道，创业能拿到投资者的钱是一件比较令人兴奋的事情。但是，世界上没有白吃的午餐，从拿到钱的那个时候起，你就不只是在为自己创业了，你必须得有更加健全的多面负责能力。实际上很多年轻的创业者，连为自己负责的意识都没有，更别说同时兼顾多方利益了。而且，有很多人的特性更适合于自主式创业，而拿人家的钱就与自己的做事模式正好相反。很多生意本来就不需要人家投给你那么多的钱才能起步，很多生意不用你自己的投入或者亲友的投入来证明你的道义责任，很多创业即使需要的钱数很少也不大可能找到愿意投资的人。

如此种种，就要让大家认清，今天那种拿投资者的钱来创业的事是小概率事件，而自主的、自控的小生意才是相对的大概率事件。**如果我们有更多的对于创业要素的准备，有更多的介入别人控制的经营模式的历练经验，那我们就会有除了极小概率的原创性创业以外的娩出型创业、加盟式创业、股权式创业与自由职业式创业的机会。**

在开始创业之后，你立刻就会面临着很多问题。每100个创业公司，其中有70%是当年关闭的，只有5%能够撑到第5年，只有2%能够撑10年。我给大家用数字来讲，中国做生意的所有个人与机构加起来有多少呢？有大概4 700万个个体户、5 800个线上网店、400万个私营企业、30万个集体企业、1万个国有企业，加上1 000万个“黑体户”。其中有多少个能挣到钱呢？在企业账本上盈利的有15%；这15%中达到1 000万元营业额的公司有3万个；其中被投资公司投过钱的有1万个；达到创业模版连续创业3年、有3 000万元营业额的标准的有8 000个；上市的公司有4 000个。

就是说，大部分创业者操劳了半天都没有挣到钱。我们在做社会深层研究的时候发现，中国个体户有32%处于贫困线以下。只有15%能进入中产阶级，那剩下约50%的跟没做生意的普通人收入差不多。可以看出，不是说创业就能赚很多钱，但就是这样，还是有人愿意去创业。

什么样的人会愿意去创业呢？有一种人特别适合创业，就是从骨子里喜欢不安稳的东西、不确定的东西、能确定自己是谁的东西，这种人就寻求这个。创业虽然成功率很低，但有的人会说：“那谁知道呢，说不定我就是那个成功的人呢！”而且高风险也可能带来高收益。

要知道自己是不是适合创业，必须做一个测试。在宏观层面上，测试由两部分构成，第一部分是“你是谁”；第二部分是“你拥有的选择机会是什么”。这是由这两部分之间的博弈决定的。在微观层面上也存在选择，第一是“谁在选择”；第二是“在什么条件下选择”。有的人真的具有高风险认知、挑战和控制能力，可能就是天生会做生意的人。

创业者有一个非常重要的特质：爱折腾。让这样的人去找个稳定的工作，去当个公务员，他们了无乐趣。我有一个朋友，12年之内在美国创立了3家上市公司，平均3～4.5年创立一家公司。普通人一辈子创立一家上市公司就不简单了，而这位朋友说自己还要继续，再创立两家就收手。我们看着人家很累，可人家却折腾得很有乐子。

有一个公司是做名片碰碰的。只要下一个App，在名片上一扫，名片就存到手机里了。这个主意看起来不错，结果被微信的“摇一摇”给“摇掉”了。名片碰碰是一对一的，而微信“摇一摇”是多对多的，所以它就没戏了。但是它之前已经有了100多万个用户，于是乎它的团队脑子一转，做了一个叫作人人猎头的新事物，采用悬赏做猎头。

比如，一家公司要找一个通信工程师，提出岗位要求，你推荐别人的话得100元，你推荐的人被录用的话得5 000元。它一悬赏，就会通过已有的100多万个用户传出去。用户感觉这不错，就传给朋友。因此，它的用户数不仅继续增长，还发展了一项新业务，转型成为一个App猎头公司。人人猎头上线第一个月就做了35万元营业额，第二个月37万元。尽管现在的App赢利模式很少，但在公司看起来快完蛋的时候，被逼出一个新的模式来，这在在线服务中更是突出。

做服务的，就一定要让人明白这是在做些什么。但是，人家容易明白，就容易学。你做人人猎头，别人只要有了足够的用户数，也可以干。你也没法申请说："这种模式是我发明的，你不能用。"因为，商业模式不受知识产权保护。站在消费者的角度，这是很美妙的，但是站在开发者的角度却是很痛苦的。不管你上个月做得再好，这个月还得再进步，否则就没人会管你。所以，**服务创新比技术创新压力更大。我们唯一的办法就是不断创新**。一旦栽到创新服务通道里，就是一条不归路。要是不破产就得往前冲，不进则退。

很多人一听说"不确定"就怕得要死，这很可能是父母养成的，也可能是学校养成的。所以，趁你还在学校，抓紧折腾。等你结婚了，再生了一个孩子，更不会折腾了。那时候，牵一发就不是动全身了，而是动三个身。你现在有激情，得去试一试，看看你是不是这号人。

人生最重要的就是活成自己本来的样子。在格式化的作业、格式化的教科书、格式化的模式里，每个人都迷失了自己，这就是我们迷茫的原因。就像需要野化的华南虎，把它放到南非老虎谷保护区，扔给它一只活着的羚羊，它吓坏了。它以前看到的食物就是一摊肉，第一次见到肉长着两只角还"腾腾"地跑。有的同学像是老虎，因为没见过，就不知道这是个机会。**年轻人在大学里天然的权利就是增加阅历，去试一试，试过了之后发现自己不适合，才会心甘情愿**。

最高境界的人生是心甘情愿的人生。在经过折腾之后，你给自己一个定位。你就是一个创业者，就是一辈子折腾的命；或者一辈子是安稳的命也很好。但就是要确定，你到底是什么。如果你动了心，就像天上的仙女动了凡心就下界来走一走，觉得人间太污浊就再回天上去，但你必须有这个经历。有了经历，你就感觉踏实多了。

◆ 创业最重要的资本：心理资本。敢于冒险，不安分。有坚持性，沉得住。

◆ 一个合格创业者的肖像：身体好、知道自己想做的具体生意点、有坚持性、懂得交往朋友、有工作狂表现。

◆ 淡然对待父母的反对，因为你的创业本质上是与父母无关的事情，他们最多就是一个顾问，知会下他们就行了。我告诉父母我的决定，他们都反对，但我就辞职开干了。

不挣钱，我也愿意干——这才是创业

有的人做生意就是因为赚钱多。如果问他："你想干吗？"想创业。"为什么创业？"因为有钱。其实这是错的！

很多人想创业赚钱，但是如果刚开始的时候就一直想着赚钱，这种想法就是很不对的。让我们看一下相关的统计数据：据调查，中国创业的企业中有5%是破产的，做生意的人中有30%的人收入低于同一层次普通居民的收入线。中国有5 000个创业基金，有8 000万人创业，其中有32%的创业者平均收入水平低于普通员工平均收入水平。也就是说，不是创业就一定能够发财。大概有40%的创业者收入与普通人收入差不多，只有15%的创业者收入高于平均水平。换句话说，创业的人即使没破产，大多也就混得跟普通人差不多。

另一个数据显示，中国每年大约注册92万家企业，其中有78万家当年便会破产。这就是说，之前你的日子是可以过活的，只不过日子稍微苦一点儿；现在好不容易筹了一点儿钱，或者是有点儿信用，借了一点儿钱来创业，最后却没钱了。这就源自创业的迷失。

以北京中关村为例，1980年在这里注册的4 300家企业，到现在为止只剩下23家。最著名的是联想，其次是四通，再次是小有名气的时代，这三家企业算是混得不错的了。其他20家企业，基本上和1980年的规模相差不大，而大部分企业都消失了。我们来看一下，这种消失不见的可能性究竟有多大呢？任何一个正常的创业者，以5年来说，是5%的留存率；以10年来说，是2%的留存率。所以，**创业是什么？就算钱不见了、就算破产了、就算不挣钱，我还愿意干！**

这就是一种热爱状态，因为创业是去挑战，具有不确定性，这里面有风险，有可能赚钱，也有可能不赚钱。但有些人借钱也要去，这叫热爱。换句话说，这叫瘾。

在刚创业的时候，不只要想象最好状况下的结果，同时也要接受最差状态下的结果，这才是一种正常的创业心理。对于创业者来说，在这个过程里存在很多让人感觉不舒服的地方：有时候，一个好好的员工，本来是很受器重的，居然被自己的竞争对手挖去了；有时候，无论是领导还是员工都把活干好了，但是收不着钱。这时，你会发现，做生意不但是找到哪单生意不确定，过程也是不确定的，你得承受在这个过程中所面临的无数不确定性。**创业是对结果的向往，同时也要能承受过程的代价，这两者之间共同包含。**

现在有两个学院开得很红火，特别好招生，一个是金融学院，一个是艺术学院。两者分别代表了男人和女人的梦想。男人想成为很有钱的男人，女人想成为很有名的女人。我们想要得到的结果是和代价相对应的，这个过程没有大家想的那么简单，需要付出很多努力。

所以，创业不是简单的追求财富，它是有成本的。大家能理解高收益、高风险。但是，高投入不一定代表高收益。高投入有可能得到高收益，也有可能血本无归。我们看到的那些很有钱的创业者，其实只是很小的一部分。你没有看到的是一大批倒闭的企业。

可能有人会问："既然这样，我们干吗还要创业呢？"原因很简单，有的人就是喜欢做这件事。人需要找到自己，怎样去发现呢？得试一试。也有的人一辈子没试过。但是，当你想到的时候，就要试一试。柳传志到了40岁都还要试一试，他之前在中科院计算机研究所工作，收入也不是太好。他在差不多40岁的时候才开始创业，却做出今天这么大的成就。

有的人真的是创业的天才。我在《趁年轻，折腾吧》里，跟大家分享过一位专门做宠物用品生意的创业者的故事。最近他要举办一个全球狗模特大赛，要把品牌做起来。他发现，越做好狗、越做美狗、越做贵狗，就越能把品牌做起来。将来卖狗粮是不挣钱的，因为狗粮都是定制的。那么，就做时装。现在狗的时装都是照着人的时装去演变。他在研究市场后发现，狗时装不能简单去套用人时装，所以他就在做大时装业务，这样定价权就能掌握在自己手上。

生意总在变化，做生意也有赚有亏。如果你是因为喜欢而去干这件事的话，那就很好。袁隆平一心想研究水稻，把水稻产量问题攻克了，赚钱便是顺理成章的事情。最理想的创业正是这样的，而这种状态的人在创业者中只占20%。

创业的人分三种类型。第一种人属于生存型创业。他实在不能干别的事儿了，只好创业。这种类型的人是真找不着机会。改革开放后，第一批创业者出现在上海，当时国家不给分配工作，街道也不给分配工作，没办法，只好去做个小买卖。第二种人属于爱好型创业。这类型的人自己就是喜欢这件事儿，为了做这件事儿整出一家公司，自己当老板，自己说了算。不管干大干小，不管怎么干，不管遇到多大风险，都由自己来决定。也就是说，他要满足自己内心想做一件事情的欲望。第三种人属于投机型创业。这种类型的人看某个创业的人成功了，赚了很多钱，所以也想去创业。

按道理来说，第三种人的成功率是最低的。究其原因，主要可分为以下三种情况：

第一种人没有其他的收入，好不容易才凑到一点儿钱，所以不允许自己失败。就像我创业的时候，把能借的钱全借遍了，自己的信用总共值十几万元钱。假如自己破产，基本上就还不起兄弟们的钱了，所以只能给人家拍着胸脯说："只要我活着，做牛做马，一定还你这个钱。我要真的还不清，下辈子还做牛做马。"这么说，主要是因为自己的全部信用已经抵押在上面了，所以就不允许自己失败。有的时候，你遇到一些困难也不敢后退，是因为你没法退。退了以后，怎么见父老乡亲呢！就像项羽没法回江东一样。这是第一种创业，它有较高的成功概率。

第二种人为了爱好而创业。有爱好的人，就有一个特点，就是很用心。一旦你爱好或者喜欢一个东西，就会把它研究得很细。你对它的了解会达到常人所没有的水平。创业也是一样的，一旦你喜欢上这件事情，你就会用心去琢磨出一个模式来，作为它的干法。而这个干法，是其他人没有的，因为别人没有把它当回事，就不会琢磨得那么细，这是第二种人成功的一个很重要的原因。

只有第三种人，这种投机的人怀着侥幸的心理，往往既不像爱好创业者那么投入，又不像生存创业者那样别无退路，投机者是随时准备开溜的。他只是想着发财，一看无望了就不做了，立马去寻找其他机会。很多炒股、赌博的人，包括一部分创业者，都怀有很大的投机性。这就是为什么炒股的人不怎么容易挣钱、赌博的人基本上都会输钱，也是为什么投机型创业者基本都会失败，原因在于他从来没有认真地在这件事上有足够的投入。创业这件事情，就算你把全部身家都放进去，成功率也是蛮低的。而你只投入那么一点点，那基本上就死定了。

所以，你真的要用生命的某一个长期的阶段，认认真真地干一件事情。为了提高成功率，你要投入比其他人多的东西。有的人会问："万一我投进去，到最后我赔了，钱也没了，5年也过去了，我什么都没干成。那怎么办？"其实，就在这5年中间，你要是真的全心全意办一件事情，一直把这件事情办好为止，那你再干其他事情的时候，整个人就不一样了。你再去国有企业或者去民营企业就业，都跟小case一样！

反过来说，如果从一开始你就为了安稳而当一个公务员。按照现在削减公务员的趋势，假如过了5年，你被削下来了，什么也不会，做其他行业的话，你能干什么？最重要的是，因为你安稳地过了5年，再派你去干活的话，你就麻烦了。你没当过大官，只当过小官，最后高不成低不就，干什么事都没有感觉。不仅没有感觉，而且你总是想着当初自己在机关的时候如何如何。如果真是这样，那么你一说话，每个人都会从内心厌恶你，你就真的完蛋了。

一个人从失败里走出来，再做其他的事就会超类绝伦；一个人在安稳里面走出来，再做其他的事就会难以立足。失败的教训是生命的经验，更是你的财富；而那个安稳的经历，则几乎是你的损失。从这个角度来说，如果你选择了创业，就不可能会输，因为你不会比安安稳稳就业的人收获更少。一个人干过五年的创业，一定会没日没夜，一定会事必躬亲，一定会见多识广，因为你跟很多人与机构打过交道，包括陌生人、客户、供应链、银行，还有街道里的七嫂八姑。再做什么事，你会发现，这活儿太轻松了。

当你真正去做一些事情的时候，就不是在梦里，而是在现实中行动。在我们公司里，有20个同事都曾经创过业，最多的创业过3次，但都失败了。他们现在到公司里就业，都是模范员工。为什么？他们都有所体会，做老板真的不容易，所以工作起来会更加努力。

从这个意义上说，我总结出两点：第一，员工体谅老板；第二，员工认识到自己不是创业的那块料，就只有踏实地工作。所以，创业对谁都有好处。万一你发现你是创业的天才，那很好！如果不是，那更好！创业过程中的不确定在有些人看来是困难的，可对另外一些人来说，却恰恰喜欢那些不确定性。所以说，创业的过程其实就是一个发现自我的过程。

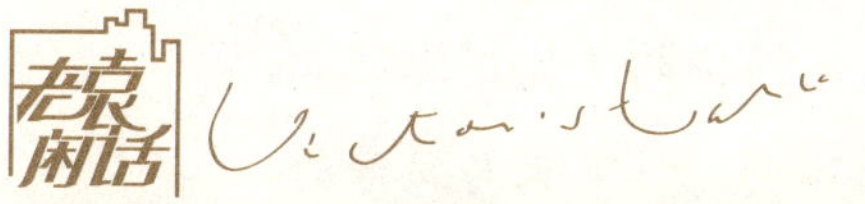

◆ 人要有即使失败也勇于去做的心理，这才是真正的创业心理。一心想着成功却不去想为此而需要付出的代价，那就不能证明创业的决心。真正意义上的创业是这个样子的：在创业过程中即使很艰难甚至亏本很多，但还是愿意继续坚持。

◆ 如果你以为创业就一定会有钱，那就错了。你要考虑到可能会失败，然后你还是愿意做。为了避免失败，起得比公鸡早，睡得比猫头鹰晚，还甘心情愿，那就表明你已经基本进入状态了。

创业行不行的一些小规则

我多次见到过时代集团的老总王小兰女士，她的企业是20世纪80年代初中关村4 300多家创业企业中至今还存留的23家企业之一，可见创业的成功率与生存率是非常低的。那么，大学生创业到底可不可以？有人冷冷地说不行，有人热热地说要得。其实，行与不行的理由是差不多的，但人们说得乱七八糟。现在为大家梳理下，主要可分成三大类，细分共21条，供大家参考。

一是门槛条件。具备这些条件不一定能创业，但如果不具备就基本不用考虑创业：

· 出早操晚操，锻炼身体，身体棒棒的才谈得上创业；
· 有主见，能自己拿主意，而不是光听家长与父母的；
· 有自己的社会上的朋友，而不是只有亲友、同学与老师；
· 当过学生干部，有起码的与上下左右的人打交道的经验；
· 实习过，对于一些自己感兴趣的领域有实际的接触与经验；
· 有见识，通过旅行、读书与交往，收获了较多的参考信息；

·有组织独立活动或者单个项目、社团的经验。

二是起步条件。具备这些条件可以考虑创业，而如果没有这样的条件，创业的风险就比较难以控制：

·有自己明确的爱好与方向，有能表现出热情的领域；

·比较勤奋、能吃苦，对于所选择做的事情能够有较长时间的耐受力；

·对于某些方面的行动长期反复进行并以之为技能；

·有尝试自己认定之事的勇气，虽然自己过去也许没有这方面的经验，或者内心有点儿没把握；

·有相当的说服他人的能力；

·掌握一定的团队之道，能懂得与其他人在一定的结构下一起工作，懂得建设性的妥协；

·有一定的法律与政策意识。

三是所谓创业成功或者长期生存的必要条件。具备这些条件不见得一定成功，但是没有这些条件则很难成功：

·不断关注与探索消费者的需求及其变化；

·不断提供有一定独特性与竞争力的产品与服务设计；

·确保安全、有效的资金流；

·在所从事的业务上有充分的专注；

·在客观情势与市场发生变化的时候，能对商业模式与技术创新等做出及时的反应与调整；

· 在面对与业务相关或看起来不相关的信息中，拥有对于商业机会与做法的洞察与远见；

· 在条件比较窘迫或者非常顺利的情况下，能够对自己所做的业务有所坚守，而不会轻易动摇与游移。

一个人真的能全部做好这21条吗？很难。过去的创业者，包括成功的创业者，都很好地做到了这21条吗？几乎没有人能够完全做到。那是不是要不管三七二十一，该怎么样就怎么样呢？那也不行。事实上，你对于其中每一环节的规则都要有所尝试、有所经验。而其中至少一条做到很好，你就会表现得与众不同、出类拔萃。

此外，对于创业，有以下的感受总结和大家分享一下：

——资源不等于生意。因为生意是一个组合，没有人才、营销、投资与整体协调的管理，即使你的资源是拥有非常好的市场机会与技术发明，也不一定能够成得了生意，这一点发明者往往会忽略。

——创业者往往有个性，这是起步的关键，但是要成就事情则更需要能容纳别人，关注消费者、合作伙伴、投资者与监管者的情况，取得建设性的协调与妥协，这些往往才是成功之道。

——创业非常像刚出生的孩子，分分钟敏于革新才能生存。那些听不进意见、不能随机应变的创业者往往很难起步，即使起步了也很难进步。这也意味着创业者必须是一个敏感的学习者。

——做生意需要重视模式，需要有一套完整的想法，但这模式不一定全是要做大、做上市的模式。而且不管任何模式，能从自己可控的点上起步的生意才算得上真正的生意。

——做生意要有一定的聚焦与执着。突出一点，就有了盘活与发展的本钱，一点做不好再做一点或几点，就算做很多平平的点，也很难成为有发展能力的生意。这一点似乎被很多创业者忽略，他们才在起步阶段，想做的事情就已经七七八八，铺张得够大，实在不是很有成算。

——普通平常的生意生生死死，也不奇怪。但要想做持续发展的生意，需要有点儿特色、有点儿门槛，否则就难在市场上立足太久。因此，在设计自己的创业蓝图的时候，不只要想到创什么业，也要想出一个与别人相比有核心竞争力的竞争理念。如果连创什么业都想不出来，那创业的冲动就只是冲动一下的事情了。

——很多人有某项技术发明、某个构想、某种资源，但是个人的整体协调能力明显很弱，也没有适当的生意意识。对这些朋友而言，也许做其他人的合作伙伴，或者把自己的东西折现卖给别人，就是一个不错的选择，而不是非要弄个企业才好。其实，真正适合组织化或者领导他人的人还真是有限的。

老泉闲话

◆ 不要老觉得员工比自己差。创业者可以理想化，但在操作中要适可而止，最好的领导讲求中庸之道。我自己就是不断为了适应员工而与自己的理想主义做斗争的。

◆ 企业与企业家其实没有真正的成功感，那都是媒体与其他人说出来的。任何产品与服务的流行也就是五六年一个周期，一不小心就会被竞争对手赶超。危机感是企业家的心理常态。

创不了业，就做超级员工

在这个社会中，大家鼓励年轻人做成功者、做老大，也能容忍一些人平庸地过日子，但我们也许忘了另外一些人，他们不见得是当老大的料，也不愿意承受当老大的压力，很多时候也发现自己操不了做老大的那份心，那么他们可以成为一个非常敬业、专业、投入、杰出的业务合作伙伴。这些伙伴是如此重要，以至于他们能独当一面，或者在某一个方面做出独特的贡献。就这个方面来说，他们起着不可或缺的作用。

通俗地说，他们不是一个整体的牛人，但是他们有很牛的部位，这就是所谓的“牛逼”人才。如果这些部位协调起来，就会将牛上升到一个很高的层次。这里所说的是一些非常突出的人才，他们在创业企业中担任着员工的工作。在企业的快速成长中，他们可能而且实际上也成为公司创业团队的组成部分，甚至已经成为公司的股东了。

大家通常会把就业与创业分割开来，甚至对立起来看，觉得创业是去做老板、就业是去做员工。实际的状况是，创业者在很大程度上就是一个超级员工。如果他做得好，再加上幸运，那很可能就能领导很多员工。而很多创业企业，即使多年时间已经过去，仍然只是一个小作坊，就那么几个人，老板也一起苦兮兮地干活，甚至收入远远不如很多企业员工高。很多时候，我们看到的是所谓的成功创业者，而大部分创业者会成为不能跳槽的老员工、干了活还赔钱关门的出资人，或者守着一个鸡肋型生意摊子的小老板。

而就业者固然有很多人就是过着平淡的职业日子，但是也有人成为老板不可或缺的臂膀、公司技术诀窍的掌握者、销售能手、管理高手、业务强手，这些人在职场上非常受欢迎。如果老板给予的待遇与发展空间不足，他们就会有被竞争对手挖走的可能，猎头们也会紧盯着他们。现在很多创业者或者企业老板知道，维护这样的人才资源，最好的办法就是给予他们适当的股权激励，让他们成为或者有条件地成为企业创业团队的组成部分。这样做的结果有两种：一种是老板当成了员工，另一种是员工当成了股东，人力资源的透明度与竞争度会得到大大提高。由此看来，企业发展创业型员工管理机制、争取产生创业型员工就显得非常有必要。

具体而论，创业企业应当在自己创业的发展方案里就制定出对早期员工的绩效考核设计与持股激励办法，这样既会让员工从刚进公司工作的那一刻起，就对自己在本单位的发展空间有着明确的预期，也有利于争取某些业务能力优秀但目前无法在现金薪酬上给予充分满足的人才。这些办法要有书面规定，在法律上要有约束力，为了能够使其在以后得到不断的完善，还可以规定好创始人的解释权。

创业型员工的本质就是激励部分员工付出超出一般员工的努力，以股东精神关心公司与投入公司。它带有明确的先行付出的要求，同时也提供未来的预期回报。飞马旅在选择创业企业的时候，发现以下四种情况：第一种是企业现金流不错，老板很强势，给予员工的股权激励机制很少，结果就会不断出现分裂或者员工出走的现象；第二种是不知道可以运用股权激励方法，所以留不住人，于是尽量用现金奖励的方式鼓励员工，有些老板甚至承受着自己的薪水比员工少的安排；第三种是采取股权激励的举措，但这只适合作为对早期员工的认可、对未来发展支持不足的状况而采取的方法；第四种是争取建设能够让现在进来的员工都知道的公开激励方案。

我也把创业型员工途径称为创业的第二路径。就自己的视野所及，我发现不少有创业冲动、发财梦想、新奇创意的创业者，在坚强的意志、容纳的气量、协调的格局、前瞻的远见方面存在不足。从某种程度上来看，他们去创业就等于“找死”，但是在“找死”的过程中，更多的人可以获得更加清晰的自我认识。也许你就是技术高手，也许你就是创意人物，也许你就是财务专家，也许你就是销售人才，适时地甘当老二、老三、老四，其实也是一个非常不错的选择。**在大部分情况下，既不做平庸的人，也不做老大，有可能是你让事业与其他元素找到平衡的最佳（至少是次佳）组合。**

很多创业企业在发展中都需要人才，尤其在快速发展的企业里。也有很多人想感受这样的创业体会，希望自己能够在创业企业的发展中找到更多成就感，那么就去寻找能容纳优秀人才在创业型就业中成为创业伙伴的企业吧，这能弥补很多人没有具体创意方向的不足、没有创业担当的缺憾、没有创业格局的遗憾，而你也是这个团队中名副其实的一位创业者。在阿里巴巴、携程、百度等企业里，有很多这样的创业伙伴。而在其他一些成长型创业企业中，这样的机会也许更多。

因此，呼吁年轻人才在培养自己的爱好、特长与方向感的同时，要特别留意考察与发现这样的机会。在创新工场、黑马大赛、起点创业营、飞马旅这样的创业生态环境里，不只是有资本、有榜样，还有这样的创业性就业机会。同时，更多的创始人也应该有这样的目光与思路去吸纳这类人才。

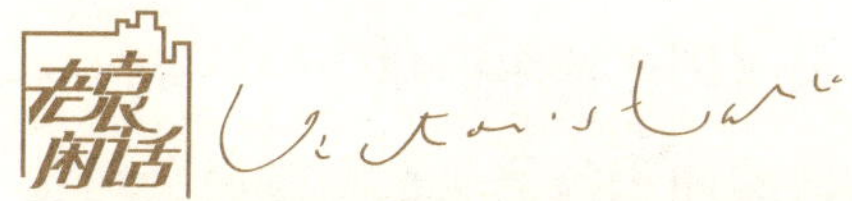

◆ 创业不一定是做老大。有的人会点儿技术，有的人擅长销售，也有的人不懂技术但善于沟通，这在创业中都有用，但不见得一定要做老大。应该让最有进取心、协调能力强的人做老大，自己甘居老二、老三。如果大家推举你做老大，比较之后可以当仁不让，也可以让贤他人。

◆ 你的一个主意也许不是最好的，能力也许不是最强的，见识也有限，但我们每个人都有自己的闪光点、自己的认识角度、自己的热情所在。当我们把这些东西连接组合起来，也许就能把一些过去只是想过的事做起来，或者把那些只想了片段的事情想明白，或者在碰撞的过程中形成了超越自己个人见解的新东西。

受老板喜爱的员工的特点

如果你是一个管理者与领导人，当然喜欢你的员工合作、能干、理解力强、执行到位。他不一定简单听从指令，但也不会简单挑战权威。除了这些以外，或者假定所有员工都具备这些特点，还有哪些微妙的因素决定着老板对于一个员工特别喜爱或者格外欣赏呢？我试做一些探讨，与大家共享。

其一，老板喜欢有一定独立思考能力的员工，能在很多困难上对问题有比较细致的描述，并根据自己的知识与因此搜集的知识信息提出有价值的解决意见。因为，即使是老板，他的知识与信息也不够周全到对任何问题都能快速形成决策意见，而很多时候较多的选择可以减轻他的决策压力。

其二，虽然事情不容易做、很辛苦，但不是简单地叫苦，尤其不当众叫苦影响集体情绪，或者煽动集体情绪形成对老板的公共压力。相反，显示出尽量积极去面对的勇气并实际行动，这样可以让老板比较从容地思考与处理压力分散的问题。

其三，在所获得的充分授权范围内谨慎行事，尽量不越出授权的范围。在重大授权上，即使老板让你便宜行事，也懂得在行动之后报告备案，这会为老板树立比较好的说服其他下属的典范。

其四，在最大限度内加强成本控制。即使是合理的预算管理空间也能尽量控制支出，并将此类成效以可感知的方式加以汇总报告。老板都喜欢更佳的投入产出比。

其五，在边界事项与可能扯皮的事项上勇于任事，而在模糊的事项上能算大账。不斤斤计较，可以提醒老板你的贡献，但也不会过于争利，甚至会主动表现出利益让渡行为，因为大部分中国老板喜欢自己主动给予而不喜欢被迫给予。

听起来，这样会让员工付出的成本过高。在今天普遍职业行为短期化与不愿意付出的一般职业行为模式中，上述行为往往让你显得与众不同并脱颖而出。很多时候，我们会注意与伙伴群体的行为一致性，但这样也模糊了自己行为所展现的个性，从而很少能表现出独特性。在我们有了独特表现并且付出了相应代价的情况下，我们就有了较大的可能与其他同仁形成差异化。假如在此条件下还是不能得到适当的回报，我们则可以考虑工作的转换。通常，在正常的情况下，这类行为的表现能力与特点更能得到较多管理层的欣赏，即使在A地不能得到很好的发展，在B地还是有更大的可能受到欢迎。

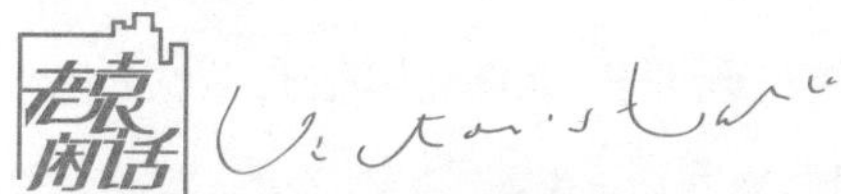

◆ 得罪领导又怎么样？你以为被收拾就完蛋了，被卡住就不能活了，不拍马屁就会被马踩死了？得罪领导当然不是好事，但只靠领导活着更是坏事。我们的原则应该是：与领导保持适当的距离，独立自主地做自己的事情，有合适的领导锦上添朵花也是好事情。

◆ 在不同的工作岗位上除了要考虑志趣相投，一个很重要的方面是要考虑人格特性与岗位特性之间的般配性。一个单位偶尔有错配的现象，可能需要调整员工。如果错配与不适任的情况很普遍，很可能是领导的认知能力或者在选择人才的标准上存在比较大的问题。九型人格知识对于改进管理有很大的帮助。

关于跳槽那点事儿

跳槽是职业选择中一件正常的事情，我们在职业发展中完全可以把它作为一种机会与选择加以研究，也可以尽量地减少其负面作用。一般来说，适当频率的跳槽是有意义的，但如果能够减少没有目标的盲目跳槽与过度跳槽，并在我们早年生活中形成适当的耐心与工作承受力，更是有意义的。因此，大学早期的实习很有意义，早期社会交往带来的独立社会人脉也很有意义，在已经进入的职业中超越初始阶段的积极进取的学习模式与拓展性的职业态度也很有意义。重要的不是跳不跳槽，而是怎么跳与在什么时候跳，这是对我们的职业发展与职业机会的利用很有意义的一件事情。

不少年轻朋友都希望能在跳槽中找到更合适的工作。当然，有些人如愿了，也有些人没能如愿。2013年3月21日，我们在重庆进行的白领黑苹果闪聚活动中讨论了跳槽的规则，并特别总结了不关联跳槽、关联性跳槽、不跳式阶段性内部提升与进修型发展、外部猎头式跳槽四种类型，并且以调查数据说明，中间两种跳槽的价值被很多职场人士认定为最高。我把讨论的内容与大家分享一下：

其一，不要在你对现在的职业还没有起码了解的时候就跳，这样容易形成习惯性跳槽，也会使得前面的职业对于后面职业的帮助很少。

其二，跳槽可以按照产生爱好与兴趣的模式去寻找，但是在不明确这一点的情况下，按照与前一工作关联的原则选择也许更有帮助，能产生职业的前后累积效应。

其三，跳槽的主要依据应该是个人的职业倾向与专长，或者是有兴趣发展的领域，而不是其他人的简单诱惑或者建议，尤其不能是家人与亲友所谓的机会性建议，通常这类建议不具有提高职业成就感与满意度的效用。

其四，在地域选择上，一般来说，三四线城市比大都市的选择机会明显要少，因此除非是有情感的原因与特定的机会，一般不建议到下延城市寻找机会；

其五，在28岁以前跳槽，对于职业信用的负面影响还有限，但在此后应积极地学习职业中的妥协与自我调节，因为此时频繁的跳槽会导致人们严重质疑你的职业忠诚度，猎头不在其列。

其六，女性在社会实践与职业体验方面尤其要注意尽早进行，因为在25～26岁之后，婚姻的压力与生育的考虑会明显地改变自己的职业在乎度。站在单位的角度，做好3年内职员的沟通稳定工作，再做好婚育期女员工的工作将有助于形成高稳定的女性职员群体。

年轻人只有了解了这些基本规则，才能更好把握自己的当下和未来。跳槽在中国也有周期性。一般来说，每年年底是跳槽的关键时间点。在元旦，很多企业就会发生跳槽的高潮，也有很多企业为了新一年的业务透过猎头公司找人。一些公司把销售业绩所产生的奖金滞后几个月发放，以此来制约员工跳槽。一些企业也往往把年终奖延缓发放，以此来舒缓在这个时间点上发生的跳槽高潮。

大部分人原来从用人单位的角度来看跳槽，但如果我们换个角度，从员工的角度来看，如何判断跳不跳槽呢？首先，在这些情况下，是不应该跳的：

一是只工作了半年不到的跳槽——任何工作的适应期都在6～8个月，到了一个岗位至少应该对它有起码的熟悉度，而不要简单地因为适应期的不舒服而跳槽；

二是刚来半年就跳槽——避免习惯性跳槽形成一种不适的心理习性，遇到压力的时候用跳槽来解决，从而总是在低水平上重复自己的选择游戏；

三是在原来承诺的合约期到期前，单位没有明显对你有不利的对

待——培养自己对于合约与个人职业信用的珍视，而不是简单地利用现在《劳动法》对于员工的利益保护机制；

四是在工作的环境中有不喜欢的人——很多好工作好在我们喜欢那件事情本身，但是可能有些不尽如你意的同事，如面相不善、脾气不好、打小报告、不太配合或佩服你、没本事还懒惰，其实每个单位都有这些现象，如果我们把这个机会当成尝试锻炼与琢磨关系管理的机会，以后在更多的场合你会更受欢迎；

五是在一些个案中受了委屈——到处都有委屈，有了委屈不要简单地忍气吞声，也不要简单地扬长而去，而是要学会申辩、沟通与建设性地提出意见；

六是做一件事情感到疲了或者有点儿提不起劲儿来——学无止境适合于任何一件事情，应该在你改变学习方式、社交方式等一段时间后再做决定，因为最佳的成长方式正是把新知放在原来熟悉的工作中；

七是别无更佳选择——虽然对眼前工作不满意，但也没有更好的选择，尤其是对不太明白自己到底想做什么与能做什么的朋友来说，特别要慎重。

但是有些情况下，你可以认真思考跳槽的问题：

一是领导没有信用——从来空口说了不兑现，话到嘴边不带把门的，也不为自己不兑现承诺道歉的；

二是企业只求员工多投入，不考虑给予员工适当回报——过度加班从不加薪，节假日加班也从不考虑补偿；

三是领导只会让员工委屈，从来不主动解释——领导不当作为，不做沟通，再加上风格强势；

四是只要干活，不教干活——企业在培训与员工辅导发展上投入过少，过度让员工个体承担发展压力；

五是内耗过大的组织——这类组织的特点往往是工作效率不高、人际关系复杂，管理行为中盛行拍老大、拉帮派；

六是做同样的工作但有单位可以给你增加40%以上的报酬；

七是你突然抽中了500万彩金，不需要再干累活了。

现在的很多年轻人，因为职业爱好与能力特长不显著，在学校的时候没有多方面接触社会，不知道自己真实的社会职业定位，也不愿意通过实习、社会实践、创业和社会访问等途径接触和思考各类职业与自己的关系，因此往往在工作后发现自己与职场要求之间的差距如此之大。面对这样的差距，不少朋友采取了频繁跳槽的方式，这个也是可以理解的。实习经验丰富的同学，跳槽频率就会有明显的降低。我们对于跳槽不应采取排斥的态度，但呼吁对于过度跳槽采取慎重的态度，因为这样会减损自己的职业信用与职业形象。因此，跳槽本正常，但是尝试要谨慎。

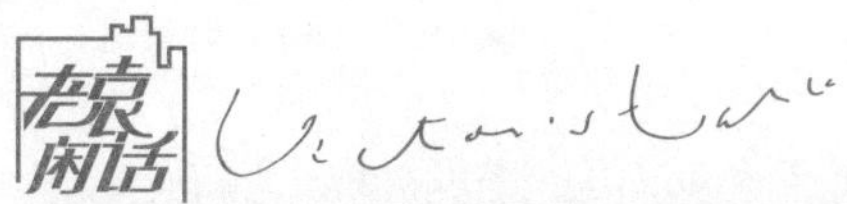

◆ 竞争会使很多东西发挥出来，淘汰本身的压力会让你有忧患意识。人的优秀会从什么地方来？我一直觉得一个很重要的原因在于你有巨大的压力。

青春不应被浪费

5 找到你钟爱一生的事业

◆ 江湖上也有正道，那个正道就够我们走的。正道上讲究真气、正气和勇气，如果你拥有这三点的话，又在白道上，那么江湖之中就够你发展的了。

◆ 也许年轻一代所做的自我选择，不能带来父母或者社会所期待的，甚至自己所追求的所谓成功，但是自我选择所成就的自我意志与主体感，本身就是一种真正的成功。这种能力与能量，使得一个个体能够发出真正属于自己的声音，这才是人生真正的目的。

◆ 我们要坚持自己的理想，因为也许你不能实现你的理想，但你将拥有那些没有理想的人从来没想象过的机会与经验，你会有一个不会遗憾的人生。

做自己的决策，承受选择的后果

一条狗被人穷追，最后被追到一条死胡同里面，没有路了。这时，人会想，这条狗难逃一死了。现在这条狗知道自己只有两个选择：狗急跳墙，或者与对面的这个人搏斗。就在犹豫之间，对面那人的棍子已经抡下来了。这条狗知道这时没有选择了，只能跳墙，而且它也知道自己甚至连助跑的时间都没有，所以一鼓作气，跳出了自己也没有想到的高度。或者这条狗一开始就知道，最后难免会与此人一搏，因此不须等跑到山穷水尽，而在自己力气还充沛的时候就扑向那人，或许还有生存的机会。

一个人要是只有一条道可走，就没有什么可埋怨的了，只需冲着那条道，一条路走到黑，说不定就会到达山顶。就像做生意，当初没有其他机会，手里就那点儿本钱，只好瞄准一个干下去，坚持十年八年，居然也能在那行当里做出业绩。人要是只有一个异性可以选择，也就没有好坏之别，横竖就是他（她）了，生儿育女，其乐融融，胜过那些总是挑三拣四的人。对我个人来说，以前也没有太多选择：只能读书，只能上大学，只能成绩好，只能混出来，只能做自己喜欢的生意。由于很少有众多选择可以选来选去，所以我很少有困惑。

自由在很多时候似乎是一种很吸引人的目标，但是正如美国一位社会学家所说：“自由的代价是困惑。”自由意味着你有更多的选择，而且这个选择的责任要由你本人来承担。在非自由的情形下，选择的优化通常来源于帮助你进行选择之人的权威与你的距离，以及他为你进行考虑的取向；而在自由的情形下，选择的优化来自选择者本人的见识、经验与长期选择中积累的技能。所以从一定程度上来说，**自由是强势选择者的机会，是弱势选择者的苦恼**。

老话说："放下屠刀，立地成佛。"说的就是选择的道理。《圣经》通篇说人的事情，为善为恶、信仰耶稣与否也全在于一个选择。我以前在学习与处理民事案件的时候发现，家庭婚姻纠纷说一千道一万，最后还是要当事人自己做一个选择或者了断。

我们作为一个个体，天然有选择的自由与限制。我们不能选择自己出生在哪里，不能选择自己的父母亲，不能选择自己的家乡，甚至也不能选择是不是去参加考试。但是，我们能够选择自己的爱好，选择自己乐于培养的能力，选择与父母沟通自己的想法，选择接触自己过去不知道的知识，选择去远一点的地方上学，选择父母不愿意自己去做的工作，选择自己喜爱的对象，选择在合适的时候要孩子，选择去国外，选择投资买房……

在我们的真实生活中，选择显著地多于无可选择。我们很多时候可以轻松地选择，如点菜，也可能要做艰难的选择，如借不借钱给朋友；我们也可能面临很多小的选择，如是去看电影还是看电视，也可能面临重大选择，如要不要移民；我们可能习惯了让别人为我们选择，如让父母给我们选择学校，或者习惯了替代别人选择，如让老师去决定学生要考什么专业。

而我要说的是，**从小培养自己孩子的选择能力，不要剥夺、不要侵占。让孩子们从小的选择中熟悉起来，从不重要的选择中做起来。累积选择的勇气与技能，这样他们就能成为一个选择者与决策者**。因为选择太重要了，关乎我们生命的质量，关乎我们建造自己生活的能力，也关乎我们在社会中的地位以及自我的感受。

今天，很多年轻朋友的困惑正是来自选择多了——每一种约束的约束性都变小了，而满足每一个选择的条件变弱了，在不同的选择之间完成抉择的能力也变弱了。这是因为网络见识多，实际见识少；要求经验多，承担经验少；被动获得多，主动搞定少。如此一来，可供选择的机会越多，困惑就越大。

解决选择困惑之道，不在于细细思量，而在于尽早地进行选择的尝试与行动。选错了也不要紧，要紧的是对正确或者错误的选择进行反思。选择是一种技能，老是练就能老练，不练最终就没机会老练。

对于大多数人来说，当你做出了一个抉择之后，就意味着你没有了其他选择。这个时候，也许它不是一个最佳选择，但是你至少解决了专注性的问题。把主要的资源集中在有限的目标上，才有可能突破。平时的知识与信息交流可以帮助你在较短的时间里完成选择，从而赢得宝贵的发挥优势的时间。在紧急的情况下，任何抉择的价值都超过了无法抉择的犹豫。有很多人问我选择之道，其实你不用听太多人的具体建议，因为他们对你的具体情况了解得很少。在面临很多个选择的时候，你真正需要的是一次抉择，即使它是错的。

我母亲是一个普通的农村妇女，我父亲是一个很快乐、很会享受生活的人。家教对我是很有影响的。对于我要干什么，他们永远给我一个空间、永远给我建议，而不要求我听他们的。所以，我一路上从上大学、读研究生，到后来下海创业，尽管他们都不同意，但是最后都要我自己拿主意。我非常感谢他们：第一，他们说了他们当说的话；第二，他们尊重我。

我从小都是自己做决定，甚至我知道今天我做了这件事，我妈会打我屁股，但我还是决定这么做，回家主动给我妈打屁股；而且我和我妈有了默契，所以我回去都乖乖地认罚。我妈给我定了一个规矩：打屁股之前把裤子脱下来。第一次我不明白为什么要这样做，我妈说："傻孩子，把裤子打坏了怎么办？"这里就有两个很重要的选择——**做你自己的决策，承受你选择的后果，包括负面的后果**。作为一个成人的重要标志是自己有相对健全的选择能力，并能为自己的选择负完全的法律与道义责任。

◆ 有梦想，多折腾，少想退路。老留退路差不多意味着失败。

◆ 遇到"瓶颈"，一不怕倒回去，二不怕更差。比方说，自己什么也没有，也一样过日子。处得艰难者就不惧怕再回到艰难，这样反而会有对艰难一往无前的胆量。

你得跟其他的人干得不一样

我们所处的条件差不多，但是在差不多之下，我们每个人走的路可能差很多。

比如，你在美国留学，但是你不知道美国的社会，也不知道美国的产业以及企业。归国以后，有人问起你，你什么社会见识也没有，只是去上了个学，这样你就该反思一下自己啦。如果你到美国去，并且对中国文化特别了解，别人就会特别喜欢同你交流。倘若你既不懂中国，从美国留学回来也不懂美国，那你除了会花钱还会什么呢？

很多“海待”（也叫“海带”）都是糊里糊涂的，但凡稍微有点儿心就不会成为这个样子。如果你去新西兰留学，有60%的可能性变成“海待”；如果你去澳大利亚留学，有40%的可能性变成“海待”；去加拿大留学，有20%的可能性变成“海待”；如果到美国，有0%的可能性。为什么？因为你整天和中国同学在一起，吃中国餐、说中国话，回来之后甚至连一句英语都不会说，你根本就是一个无心的人。可怜之人必有可恶之处，所以“海待”一定是他应得的。

我在人生的不同阶段都做过不可思议的事情，大概三年做1件。先说最远的一件，那是在我6岁的时候，我想把我家的柴垛烧了。这是一件很疯狂的事情，因为我们并不是有钱人家，若把柴火烧了，那么这一年就都没柴火用了。但是我就有这么一个冲动和想法，而且我要充分证明我烧柴火的方法和别人不一样。经过了大约一个多月的研究之后，我发明了一种方法。我先在柴垛里掏了一个洞，然后找了一个破脸盆，在里面倒一些煤油，在煤油中间放了一根蜡烛，接着把蜡烛点着之后，就把破脸盆推进去，我就去上学了。当我家柴垛烧起来的时候，我不在现场，这个秘密都没有人知道。这个做法不值得推荐，但类似的冲动一直保留在我身上。

大约四五年以前，我接到华东政法大学一位女同学的来电，声音很甜美，她正在做一个关于企业家精神的活动，希望访问一些企业家。她还说：“我也没有很高的访问水平，就是想锻炼锻炼。”然后我就很高兴地答应了。我们约了很久，终于约定在某个时间做电话访问，用时差不多一个小时。等到访问结束的时候，我顺便对她说：

首先，我非常欣赏你做这样一个访问，毕竟你不是专门学采访的，也不是学大众传媒的，但是你能来积极地做一次社会访问就非常好。至少你把传说变成了现实，这就已经发生了很大的变化。这是一个很重要的距离跨越。

但是，说实话，这个访问做得非常肤浅，你问了几乎所有问题，但基本上都是我已经回答过无数遍的。比如，为什么下海？为什么做调查公司？在创业期间遇到过什么困难？怎么解决的？这些基本上是普通的媒体记者都会问的问题。当然，我也能够理解，对于一个从来没有做过访问的普通同学来说，第一次做访问难免生涩。但是，我是一个专业做访问的，特别好为人师，被采访完了，我还会告诉你应该注意些什么。

第一，你只有1个小时的时间，没法把一个人的人生从头到尾进行一个所谓断代史一样的访问，最后的结果无疑是蜻蜓点水。其实你今天提的这些问题，只要到百度上查一下，全部都已经有答案了，根本不值得花1个小时。你应该先在百度上把之前的访问看一遍，了解了这些前提之后，再结合华东政法大学的特点，选择其中某几个点来访问。比如说："你是学法律的，后来去做生意，你觉得会有什么好处或者坏处呢？"

第二，你要抓住被采访者的特点。我本科与硕士研究生学的都是法律，后来去做了生意，还去做了主持人，这种采访点对于你来说是比较好把握的，又跟我有关，别人也没有问过，不就很有意思吗？你可能没有想过，很多人去访问企业家，为什么从来没有人访问过律师？中国律师在沟通能力方面差得难以想象。我遇到的一些所谓的大律师中，能够在公共场合面对媒体把话说清楚的，十个人中不超过两人。所以，如果你访问我，我会跟你分析，律师为什么不能去上辩论性的节目。

同学们可能会认为，我们经常在学校里面搞辩论比赛，这方面能力是挺行的。其实，学校里大部分辩论比赛都是形式性辩论。没有几个同学在听了辩论比赛后，感觉知识上很受启发、有了新的长进，或者辩完之后更加清楚了。通常的结果是，辩了以后既没有很清楚，也没有很糊涂，说白了就是不知道双方在辩什么。

在辩论的时候，现场是非常热闹的。基本上正方先提一个观点，比如说："我们认为人肉搜索非常好。"并陈述理由。反方就说："我们认为人肉搜索非常不好，因为人肉搜索侵犯人权，难道你愿意你的人权、你的隐私都能被搜索到，并且被公开吗？"然后正方不作回答，反方就穷追不舍："请你回答我这个问题。"正方根本不回答这个问题，却反问："如果你不让我人肉搜索，我们连搜索贪官、发现贪官的机会都没有了，你不觉得我们这个国家的民主权利很不够吗？"然后反方说："请对方辩友不要回避我的问题，请你回答我刚才的问题：如果搜索到你的隐私，你怎么办？"然后正方就说："请对方辩友不要回避我的问题，如果不民主，您觉得怎么样？"

两人争得面红耳赤，其实什么也没说。就好像在一个浩瀚的大海上，两人在海面上游了365圈，却从来没有扎下去过。这就是说，如果你换一个角度去采访的话，就会访出一些其他人的采访中所没有的东西。

有人问，人生的意义是什么？人生的意义就是你活了85岁，要留下你的人生痕迹。如果你是张三，那是张三干的事；你是李四，那是李四干的事。也就是你做过的事情，得跟其他人干得不一样。如果一个访问，别人都做了100多遍，你又来一遍，就像口香糖吃进去吐出来100多遍，你还能再捡起来吃吗？你不会。

作为一个受过良好教育，也一直自我激励的终身学习者，我始终有很强的危机感。我们公司大概每5～6年就会有一次自我变革，包括对原来的管理模式都要有所调整，为下一轮累积新的增长动力。一方面，人员规模在增加；另外一方面，业务量在增加，还有市场的需求也在发生变化，所以我们自觉革命在前。

比如，现在我们就开始了新一轮的变革，由传统的报告型研究咨询模式转变成报告型、研究型和行动型相结合的新型模式。目前，世界上最大的咨询公司是凯捷安永公司，它有85%的营业额来自呼叫中心，该公司在印度班加罗尔最大的呼叫中心有75 000名接线员。我们现在发展的5～6个新业务单元都是行动型的，包括公共呼叫中心。5年以后，很有可能在上海打市长热线的人，接入的是我们公司的公共呼叫中心，因为我们重点不是发展商业呼叫中心，而是发展公共服务外包的呼叫中心。这将创造一个新的重要优势行业。

我们总是会先做一些在国内同行看起来有点儿离经叛道的事，然后过了一两年他们就开始跟进学习，当他们学会以后，我们又进入到下一步。这也是经过这么多年，我们这个行业里很多创业公司都不见了，而我们基本上始终保持在领先位置的原因。

◆ 世界本有消极与积极两面、有正面与负面两面，我们周围的人也分倾向乐观、倾向悲观或者兼顾两面的三种人。问题是，人们

更喜欢跟随、欣赏和接受乐观与平衡的人，而比较不喜欢看重悲观与注重负面的人。所以让我们警惕负面思维，不要简单地只嘴上说但是越不过。

成功是经常的训练与习惯

成功学告诉了大家很多成功的方法，但是我们很难做到。不过，我仍然要说，成功是一种经常的训练与习惯，或者说是素养。其中有一些因素可以有效地成为大家成功的条件，而这些条件很多人都可以做到，都可能遇到，并且就在大家的周围，可能对大家长期有益。

表面魅力：没事就笑，有事也笑，笑容能增加你的魅力，增加别人有意与你合作的兴趣。

求新习惯：每天做一件新事，哪怕给自己新买一朵花、给人家新写一个留言、在自己的博客上新编一段文字。

可爱特质：能和小孩子交朋友，有和他们说话的耐心，关心小孩子喜欢的事情，学会哄小孩开心。

社会资本：能与陌生人搭讪，即使是看来不相关的陌生人，你需要储备各种各样的社会关系。

耐心倾听：学会耐心听完别人的批评并且不打断，甚至还能笑着说谢谢。可以辩解，但不要着急辩解。

学习欣赏：学会在不喜欢的人身上发现优点，哪怕一个也好。

无偿投入：有意识地让自己做好事情，如果可能就一个月做一件。如果还做不到，就一年做一件。

尝试风险：如果你的朋友、父母、老师跟你说这是一件很有风险的事情，那么你应该认真地考虑一下，然后每过一段时间都尝试着做一件。

重视行动：在过去的10年中，你可能有好几件只是想想但一直没有做的事情。这期间，如果遇到很多条件要求很高的事情，那么此时不要先想自己做不到，而要想怎么做到；也不要先想别人没做过，而要想如果做的话，需要提前做哪些准备；不要觉得有些人高不可攀，而要直接去接触那些可能提供资源的人。

赞扬美好：无论是你熟悉之人的勇敢、创造、突破，还是你不熟悉之人的美丽、优雅、前卫，你都要赞美他们，而且要大声地说出来。

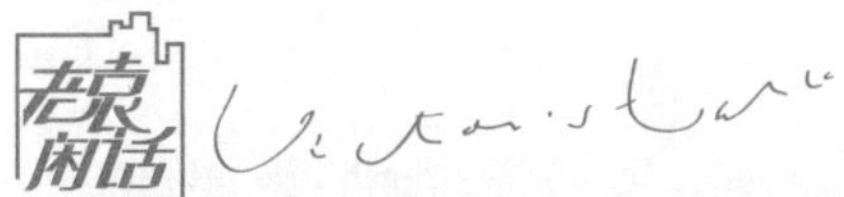

◆ 理想既包括对于未来趋向与目标的设计，更包括了对于眼下如何起步以及行进路线的设计；理想往往既具有合理化自我论证的特点，也具有能合理地传导给别人的特点，人们能够感到其内在的动力是理性。理想者显示出了人们内在的有使命感的特征，因此往往会不计后果地投入。有时候，这种不顾后果的投入甚至会超过自己可能获得的收益。

◆ 我推崇理想主义的行为，因为有理想能让你在人群中更容易引起别人的注意，更容易得到特别的资源、找到志同道合的人、成为众人中的出类拔萃者；当然，有理想的人也可能成为众矢之的，与其他的人形成某种冲突，或面临更大的社会压力。当面对问题的时候，你要首先站在前面替大家出头。

连接幸福与成功

幸福发展中的有些规律已经开始为人所熟知：经济发展程度越高未必幸福度越高，相反会出现下降的趋势与可能；开放度越高，人们的见识增长了，但是幸福度却会下降；虽然我们期待得到别人的帮助，但是当有人真正要来帮助我们建立幸福生活的时候，我们很可能变得更不幸福；而更可悲的是，很多人那么期待成功，而成功未必与幸福联系得那么紧密。我们曾产生这样的疑惑，幸福到底是什么？它与我们经常追求的成功之间究竟存在着怎样的关系？

其实，在我们讨论幸福与成功时，需要一个假定前提，那就是我们获得了足够的个人自由。一个有了财务自由、权力自由与资源自由的人与一个没有这些自由的人，在讨论幸福与成功的时候是没有太多共同语言的。所以，一个企业家的幸福观与成功观，同一个网络屌丝之间的幸福观与成功观是没有太多共同点的。

本书暂且不做学问上的幸福定义了，我们要涉及的是幸福机制与幸福管理机制。幸福是怎么样产生的？总的来说，大致用有可追求的爱好（因有爱好而有了期待，有了梦想，有了努力的价值感，有了投注资源的方向感）、可进入的机会之门（有可以企及的门槛，尽管有的时候可能需要争取，但是机会的获得会让自己没有太大的不公平感）、产生成果的可能性（有所结局，有所斩获，有所成就）来概括。有人的幸福可能有其一二，也有人的幸福获得感是完整的。不过，这一机制能够让我们与下一代有爱好感，让我们有识别与获得机会的能力，更让我们有因执着而形成成果的能力，这才是最重要的。

站在社会的角度来说，幸福机制并不能直接产生幸福，而是在幸福产生中扮演最低限度的条件提供者：教育不要剥夺孩子的爱好，机会获得基本公平，人人靠自己的努力获得社会成果。当然，即使有了如此的社会环境与个人努力，我们还是会在幸福感的获得上产生纠结：有爱就有恨，我们并不只是收获爱和好；有机会也可能会失去机会，我们不能保证自己的欲求都得到满足；有成功也可能有失败，我们不能保证自己时刻都会成功。

这就涉及我们对于幸福的管理问题，在这个管理机制中，有三个非常核心的作用点：**传统或者宗教信仰，通常产生的是欲望的节制机制；个人的社会联系模式，通常产生的是社会压力或者快乐的分担与分享机制；社会支持，尤其是公益支持，所产生的是超越个人与小圈子的社会意义产生机制与问题缓解机制**。

这就说到了成功。中国人重视成功，把事业成功看得比很多国家的人都重。无论中国的老板还是员工，都存在着在自己职业成功的基础上追求更多成功的倾向。要追求事业上的成功，必然会占用自己个人生活中的时间，因此成功与幸福之间会呈现出很强的分离倾向。

但成功与幸福又有着一定的紧密联系，成功本身存在于幸福产生机制中，两者之间也有交叠，尤其是成就感部分。成功的产生，尤其是自身的机理，概其大要就是形成一套闭环的管理与价值实现模式，通常包括合理的目标设定、可掌控的路径设置、执着的投入、预期或者超预期成果的收获。每一循环的顺利完成，通常都能加强我们的自我满足感或者自我成就感。

成就感也并不完全取决于这一循环，因为在这一循环中还会产生溢出效应与牵连效应。所谓溢出是指因能够实现而产生了更大的欲求与预期；所谓牵连就是虽然有自我的实现但未必与社会的认同一致，尤其是当社会认同处在非议状态下的时候。溢出效应与牵连效应既可能是加强进取心的动力，也可能是削弱成就感的原因。有的时候，成功可能会加强社会对我们加码的期望，这种加码的期望会让我们感受到更大的压力，也可能让我们失去本来的安宁。更有可能，成功之后的人面对加码会更加孤独。

在何种情况下，幸福感会与成就感一致？这两者之间可能需要有三个共同机制：

一是爱好机制。当人们有爱好，而且爱好是其生活与职业的基础时，人们就更可能感受到生活是自己所要的，职业的投入是自己乐意的，其享受度与热情度也会大大提高。对于社会人群的感召度也会大大提高，而且因为热情投入与感召的效果，所行之事成功的概率也会大大提高。

二是由自然发展转变为更明显的自觉发展。一个很重要的做法是推广目标制管理，对于生活与职业中的很多事情有具体指标、时间点与条件投入的计划与设置。在开始的时候，我们也许不能很准确地执行，但是渐渐就能加强掌控度与熟练度。目标制管理能够让更多的想法与梦想朝着我们要实现的方向迈进。

三是节制机制的设计。真正的幸福与成功不是没有止境的，而是有限的。从物理意义上来说，它们是可以企及的目标；从心理意义上来说，也不是人定胜天。在这方面，宗教信仰与其他系统的人生信念都能给我们带来很大帮助。其实，在没有底线与止境的情况下，我们既很少有幸福感，也很少有成就感。我们需要一个上能封顶、下能保底的生活逻辑，这也是世界上的幸福国家都是信仰比较浓厚的地区的原因。

世界上的幸福国家基本上都是小国，我们身为大国国民，做到这点又有何难呢？**归根结底，我们每个人可以通过自己的努力建立一个微小的社会网络与社会连接，并形成一个心理意义上的微小国度，既不是期待遥远的体制，也不是依赖单独的个人，那样我们就完全有可能在自己的世界里实现幸福与成功的连接。**

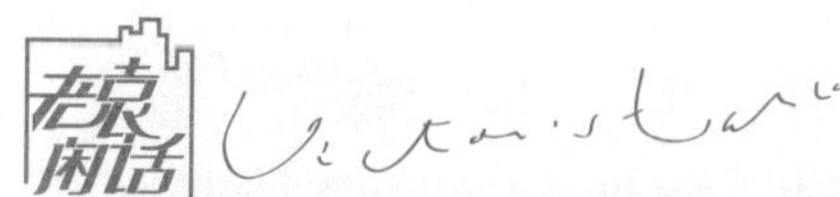

◆ 我把小小的真实的幸福瞬间称为小真幸，你有多少小真幸，你就有多少真实的幸福。人要追求巨大的权力、超乎寻常的财富、难以置信的运气或者不知所以的抽象幸福，都很容易落到痛苦里。而人生中那些小小的幸福瞬间，如果我们在乎，则可以为我们织成一幅美好的生活图景。

◆ 很多中国人是追求成功的，而且很多时候成功也会赋予人暂时的幸福，但是幸福的基本原理与成功却有着很大的区别。成功的公司大部分分布在发达国家，而我们通常看到的幸福国家却基本上都是穷国，若请你去住，你却宁愿生活在不太幸福的地方。

◆ 一个城市的精神的精粹所在：一是正面民风最突出之处；二是要具有普遍的自信气质；三是要合乎公众利益的变革，凝聚大家的心气。

就业or创业？一个叫职业，一个叫事业

“业”这个字可组成两个词。一个是就业，一个是创业。现在很多在校学生说自己不想就业，想去创业。也有很多老师说创业这个事一定要去干。学校、政府、社会中很多人都想自己创业，但是这也有点儿不太靠谱，因为创业这个事不是所有人都能干得了的。

创业和就业的区别是什么？虽然都有个“业”，但是这两种“业”是存在很大区别的，一种叫职业，一种叫事业。职业是通过一个个岗位来得到体现的，在一个公司里有很多职业，比如，财务会计、访问员、质量管理员、数据分析员、研究人员、咨询顾问等都是职业。做得好的话，还有高级管理人员，做到总裁的话，就是顶级管理人员，这些都是职业。

董事长，通常也叫老板，虽然是一个职业，但也是一个事业，因为他创造了很多个职业。创业的时候，他创造的是一个组织，在这个组织里有好多个岗位，而职业就是这些岗位中的一个。所以说，两者的区别是：如果是一个整体，包含很多职业，我们把它叫事业；如果是里面的一个岗位，我们把它叫职业。

但是，也有人把一个职业当成一个事业来干，这叫作事业精神，这里就有一个区别。从这个区别里，我们可以看出：作为一个职业，要求更精细、更精准；作为一个事业，要求则更综合、更协调、更具有包容的能力。其实，大家怎么选择都可以，问题的关键在于到底是去就业还是创业。

如果去创业，就要接受跨度大的可能性：你很可能非常成功，也很可能非常失败；成功超过一般人，失败也超过一般人。简而言之，创业存在很大的不确定性，时而上来时而下去，这都在常理之中。

以前我刚创业的时候，就怕接电话，一接电话就听到对方说：“税务所说要查账。”要不就是：“袁总，不行啊，我们催账催了好几回，人家挑明了，反正就不给我们钱了！”或者本来谈好的一个竞标项目，快拿到结果时人家说这个单子不给我了，下面就没项目做了……

你会发现，没创业还好，一创业反而没生意了；好不容易来了一单生意，却是以前没做过的；本来有人帮你一起做，结果做到中途人不见了；好不容易人来了却生病了；好不容易病好了，人家说发工资吧，自己快没钱了；好不容易把活儿搞得差不多了吧，下家说没钱不付款了；打官司吧，律师要的钱比你赚的还多……这哪儿是人干的事啊！创业中存在的变数，可能比你想象的还要多。

当然，创业也不见得全是坏事。我们在做飞马旅的过程中认识了2012年开始创业的一对夫妻，专门在网上卖箱包，开了一个淘宝店，一年销售1 100万元，盈利450万元。正因为有这些看起来成功的例子激励着飞马旅，才有一拨一拨的人想成为其中的佼佼者。

创业的特点就是这个过程中的刺激感。有一种人是喜欢刺激的，比如他们就是喜欢那种由冒险而带来的探索感和挑战感。有一本书叫作《人生如登山》，讲述一个奥地利专家、世界级橡胶公司的员工是怎样登山的。他登的山基本都呈90度以上的，其中最陡的是北美的麦金利山，是一座冰川。他不用保险绳，手上也不用辅助器械，只有脚上的登山鞋。他还登过一些从来没人登过的山，他每年用半年的时间玩，用半年的时间休整，坚持了三四十年了。

在攀登时，他可能随时都会掉下去，但是他觉得人生就是要生活在这种状态里才会更有意义。他认为自己选的这条路对一般人来说一定是不可思议的，但是对于他来说，也难以想象如果自己也像别人那样整天坐在办公室里会怎样，他只觉得这样的人生太没有意义了。实际上，**人生无论做任何事，关键是要做到匹配。前提是你要知道自己匹配什么。**

有很多仍在校园里上学的同学在心里想过创业这件事，可从来没有为实现这个梦想去真正地付出努力。甚至有很多同学想做一些事，只是过一下大脑，但这辈子都不会行动。比如，看上一个同学，从来没跟人家表白过；想去一个地方，从来没迈出去过；想尝试一种工作，从来没有实习过；想助人为乐，从来没干过公益；想去一个地方当志愿者，从来没申请过……这一辈子都以“从来没有”作为句号。最后直到死去的那一天，突然感觉仿佛从来没为自己而活过。一个人如果一直没有行动，那么他就会发现，实际上自己跟这个世界关系很少，甚至是一点关系都没有。

人生就是一个过程，区别就在于当你离开这个世界的时候，留下的东西跟别人是不是一样的。

所以，你首先要弄明白自己是适合创业还是就业。如果要创业的话，那么必须具备三个条件，这是非常重要的。

第一，身体要非常好。创业所消耗的体能是远远超过就业的。就业这件事一辈子也不会做得怎么惊天动地，大部分人都在就业中做一个平庸员工，然后一辈子就这样过去了。少数人会成为优秀的员工，得到一些股份，被安排成老板之一、股东之一，也算是一个创业者了。还有一些员工很不幸，公司本身业绩下降或者没有进步，他在公司是被边缘化甚至是即将被辞退的。不管怎样，相对来说，就业还算得上是一件稳定的事情。

创业则是一个相对比较纠结的事情，它对心理上的震动比较大，而且对体能的消耗也比较大。绝大部分的创业者在前三五年内能够强烈地体会到当老板真是事无不经、事必躬亲，遇到什么情况都必须自己扛着。用一个形象的比喻来形容，创业者需要的体能是就业者的5～20倍。就是说，即使做一个最省力的老板，也要有一个普通员工5倍的体能。如果你是一个特别厉害的老板，你的体能就需要是一个普通员工的20倍。

如果不注意天天锻炼身体，根本干不了创业这件事情，也无法做到在就业中当上核心员工、优秀员工的事情。即使是优秀员工，也得把自己当成一个创业者那样去为工作而操劳，只有这样，才会有可能得到公司高层和老板的特别欣赏，才会有更多的机会。

要知道，学校里的很多同学将来都会成为庸人，虽然没有几个同学从小的理想就是当庸人，尤其是父母们没几个希望儿女当庸人。但是，如果自身的身体状况较差，那就必须做一个庸人。一个人越是不平庸，越是有想法，他的身心就会越劳累，所耗费的脑力和体力就会越多，拥有健康的身体就越有必要。言外之意，就你那小身板还创业？中国人的平均寿命是74岁，而创业者的平均寿命是59岁，二次创业者的平均寿命是49岁。过去中关村有“49岁现象”，就是因为这帮知识分子身体素质都太差了。所以，第一要锻炼身体。

同时，锻炼身体也模拟了一个创业者或者一个优秀就业者上班这样一件天天做的事。创业不是三天打鱼两天晒网的事。三天打鱼两天晒网的人，在任何一个公司里都不会成为核心员工。

而如果老板都三天打鱼两天晒网的话，员工会比你还偷懒，那么这公司是没法正常经营下去的。此外，作为一个创业者，在同一个行业里，竞争对手不锻炼身体，而你身体很好，就一定能战胜他。一个人不论人品有多好，身体不好都是没有用的。就像找对象，人品很好、身体很差的人，将来未必能顺利地找到合适的对象，因为身体差本身就会带来很多无形中的阻碍。

同时，锻炼身体这件事情恰恰是每个人能做到的。一个人如果连能做到的事情都不做，那么他怎么能让别人相信他会创业成功呢？经常有同学问："袁老师，你现在也投资，投给我好吗？"我问："你锻炼身体吗？""不锻炼。""那算了。"原因很简单，我投在你那儿，过不了多久你身体不好扛不住了，我找谁去？我去过很多学校做讲座，只有一个学校的创业学院是最靠谱的——上海理工大学。该校要求创业班的同学个个早上6点起床，出早操，每个同学都做到了。他们做出来的计划书，我都觉得好棒。一个人在能力和精神处在最好状态的时候，做出来的东西都是很棒的。

第二，锻炼自己的领导能力。创业与就业最大的区别是，创业是自己作为一个法人、一个组织，而普通人只是一个自然人。自然人和法人之间有很大的差距，自然人可以依平时性情做事。一个人只有自己成为一个法人之后才会知道，当一个领导并不像想象中的那样风光，有时候也要忍耐。在一个法人的组织里，大家在一起要互相商量、互相妥协。一个组织的意志不是哪一个人的意志，而是要考虑大家的总体感受，这才叫领导。不当领导的人是感觉不出来的。

同学们大凡有机会的时候，要尝试去竞选学生干部。当过一段时间的学生干部以后，就要去竞选社团干部。因为社团干部的能力要求更接近创业所需的领导力。如果你不是社团干部，还可以组织一些活动，比如献爱心之类的活动，鼓励全班同学，大家一起去做。

越是具有草根的动员能力，就越接近创业所需要的领导力。从这个标准来说，在学校里做与社会相关的项目高于做学校社团，做学校社团高于当学生会干部，当学生会干部高于当团委干部。这里所说的不是行政级别的高低，而是距离公司、组织、创业的远近。组建成一个公司，然后在社会上做生意，你要拉一帮人，让人家愿意跟你走，在你公司待得住。这不同于上级有一个要求压下来，而是需要你去说服，靠你去经营，靠你去沟通，靠你去组织，就更带有草根的性质。

第三，要找到一个小的关注点，作为一个创业机会。很多同学曾问我："袁老师，你给我们分析分析，'十八大'开了以后有什么新的创业机会。"我的答案是：第一个创业机会是印《党章》。因为"十八大"开了以后要修改《党章》，这就需要重新印刷。浙江温州人早就看到这一点了，立马开展承印业务。成功的原因很简单，就是找到了很小的一个点。这就是生意的特点。生意是大形势，不属于小人物，但小人物做小事同样可以做成大生意。浙江义乌是做小产品的，但是义乌人却能够把一个小产品在世界范围内做到第一位：打火机全世界第一、纽扣全世界第一……所以，对于现在的大学生来说，一定要成为"小学生"。这里所讲的"小学生"，就是指一定要去发现小的机会。

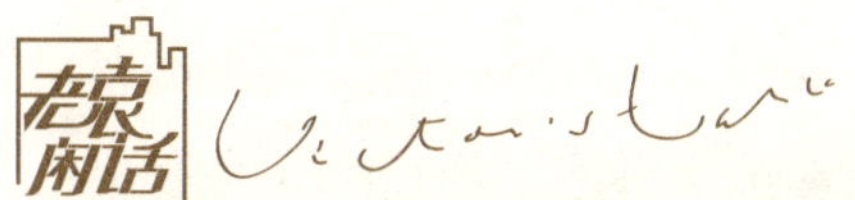

◆ 创业中本来就有两种人：等钱用的，怎么来钱怎么做；不等钱用的，投下钱去等待一个预期的结果。前者叫生存型创业，后者叫发展型创业。那么哪一种更有产出能力呢？不一定，关键取决于快速的适应与变化能力，因为前者在早期会显得太着急，后者在早期会显得太天真。

◆ 创业机构往往名不大、利不厚，所在领域太新而无人识别，因此处于一种年轻人与家长群体认同度不高的状态。在一般的情况下，只有一些年轻人在尝试完了各种可能性还不行的情况下，才来创业机构勉强就业，因此其人才通常就处在劣选的状态下。

认清你到底想要做什么

中国高等教育体制里最大的弊端就是仍然保留了太多的考试成分。在此，希望大家在读路、读书、读人的过程中，能很清楚地认定自己喜欢做研究，再去考研。如果对这点把握不好的话，那么建议你最好还是不要去做。

只有到了真实的场景，你才会发现自己对什么有感觉。在社会学习中，不只是为了满足社会的需要，更重要的是你通过这些实际的职业经历和社会经历的不断替换，找到什么是你真正想干的。

处于学习知识阶段的同学们没有实际的社会经验，在学校里的时候觉得自己好像知道社会上很多事情，那是不正确的。你只是在学校里，见识太少，学到的大部分只是书本知识，跟真正的社会现实还是相差很远的。所以，你要在一个真实的社会场景中去选择、去感受：实际上人们是这么干活的，或者这个看来真是自己喜欢的。只有这样，你才能真正认清自己到底想要做什么。

比如，现在学英语专业的人大多数并没有真正打算以后要长期钻研英语。英语不该作为一种职业选择，它只是一种辅助交流的工具。辅修的专业一般也不是大家的职业选择方向，因为大学的选择一般是最热门的专业或者老师所要求的。你要真正明白自己的职业兴趣方向，就是你想做什么。像我当时就想当国务院总理，于是就选了法律专业，因为我想依法治国。但是，后来我又想，自己将来是要日理万机的，光靠法律也不够，于是又旁听了15个院系的课程。

现在很多同学所学的专业和自己真正想做的行业相差很多，那么如何才能搞清楚自己真正想做的是什么呢？社会访问工作就是解决这个问题的，即便你不去实习，也可以去找5～6位这个行当中的人，问问他们每天到底在干什么，问清楚之后再认真想想这到底是不是你想做的事。黑苹果项目就是让你真正接触社会、真正接触行业。你不要漫无目的地空想，而要有目标模式，再来分几步按照这个目标模式去努力实现。

不管当初你出于什么原因选择了自己的专业，但后来发现不是很有感觉。耗了三四年的时间之后，就会形成一个自流效应，到了那时，你会感觉这其实就是你的专业。尽管你不喜欢它，但是已经学了三四年，该怎么办呢？这就开始纠结了。等到将来，又开始纠结到底是考研究生还是工作。工作？你不喜欢。考研究生？将来找工作可能会好一点儿。其实，这都是在虚妄里纠结。

浙江大学的酒店管理专业很不错，这是因为他们的同学们几乎每天都是在实习中度过的，而且学校提供一个特别的机会——到国外去实习。这时候，学生就可以去确定自己是不是真的喜欢这个专业。

以前，我以为自己很喜欢当官，后来进机关干了5年，一直为了实现自己的梦想而兢兢业业。可是，现在我的想法就跟当初有了很大的冲突。经过实践，我的见识跟当时在学校里的认识相差甚远了。现在很多同学都想考公务员，可你有没有想过，你又没当过公务员，更不认识公务员，怎么知道公务员这个工作是否适合你呢？可能你会找借口说公务员无法实习，想实习但没有机会。那你至少可以采访一下公务员，看看他们都是怎样工作的。

所以，建议同学们社会实践在前。之所以选用“社会实践”这个词，是因为它的意义非常广泛，是最真实的经验。不管别人怎么说，也不管你自己有什么想法，最后所下的每一个决定都不能没有依据。因为你所做的每一个决定都是很重要的，甚至能够决定你未来一生所走之路。你要用某一种实践方式，切入到这个社会里，获得真实的经验。然后在做决定的时候，不要问父母，也不要问你老师，因为他们只能给你提供意见而已，真正知道什么最适合你的只有你自己。你要通过实际去体验，然后再决定你要选哪一个。

就像你要嫁给一个人，却从来没见过这个人，什么也不知道，只知道有那么一个男人，这时让你决定是嫁还是不嫁，你当然会纠结。但是如果你跟这个人谈了两三个月恋爱，这时做决定就容易多了。你跟他谈过三年恋爱，就更好做决定了。当然，不排除有谈了三年以后下决定仍然更纠结的情况。比如，这个人人品不咋样，但是钱很多，有时候便不好决定了。但是，你至少了解情况，能对自己的取舍做到心中有数。

你接触过的人、事、物都可以帮你走出迷茫。要记住，不要简单地去追求一个结果，结果是在你探索和发现的过程中出现的。只有自己经过长时间的摸索后，种出来的苹果才是最好吃的。

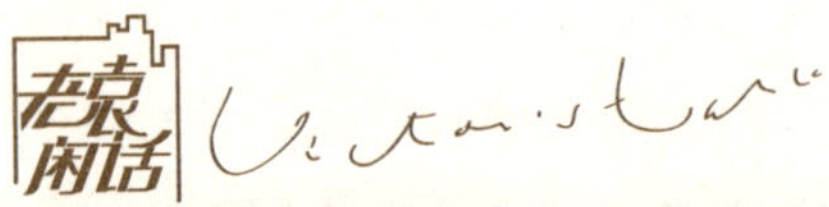

◆ 创业不一定只是机会之选。我们如果有爱好，那么我们就容易投入，就会自然聚焦，就能比较容易找到自己的感觉，就比较能

理解为什么非做不可。根据机会来做选择，很多时候能提供很好的实利来源。在没有爱好或者社会阅历的时候，这也是一种依据，而且如果机会利用得当，也能在成就感中体会到价值。

◆ 高知识含量创业群体诞生。在今天的服务业领域，人们借助于技术、知识、见识与模式的革新，更多的受过良好教育的创业者，利用位移、跨界、应用、嫁接的模式，发展出更多的基于深度细分、拓展崭新服务空间、拉长服务链条、实施更为精细管理的服务创造。

钱和理想哪个更重要?

我认识很多做生意的人，他们基本上可以分为两种：一种是奔着钱去的；另一种是奔着理想而去、顺便挣钱的。而那些挣了大钱的人，都是奔着理想去的！直奔着钱而去的人，大半都只能挣到小钱。

比如，一个大学刚毕业的年轻人到一个公司去应聘，老板对他说："小伙子不错啊，一看就实习过，基础打得不错，我准备用你，而且还准备重用你。"结果这位大学生跟和老板说："谢谢老板用我！这个工资您是怎么考虑的呢？"老板说："工资不会亏待你的。"大学生问："你说的不会亏待是什么意思呢？"老板说："你的起薪工资不会比其他人低的！""那其他人是多少钱呢？""其他人底薪就是三四千块钱吧！""三四千块钱是不是低了点儿？"……

中国是一个人情社会。如果你工作得好的话，老板会说"工资上不会亏待你的”。这时候，你一定要和老板这样说：“钱的事儿啊，不是最重要的，重要的是有发展机会。”老板问：“你说的发展机会是什么意思呢？”你需要说：“以后公司里有一些能考验我的活儿，你就安排我去做，我不一定能做得最好，但我一定用心做。”老板一定说：“好，好，这个好。这样的人现在不多见了！”你接着说：“我不怎么在乎钱，就是希望以后公司有什么培训啊、进修啊之类的，能让我去。我希望我能再加强学习！”老板说：“这个好，有进取心好啊！”

大家知道，在一个公司里提拔谁、奖金发给谁，这种事情不容易做好，不容易一碗水端平。如果这个时候，你说：“我主要喜欢这个工作，端不平的时候不用顾虑我，只要是公司好，我不太在乎这些。”然后老板就会对你开始有点儿信任了。等到下回公司有进修机会，老板就会考虑派你去。

当你进修完了以后，老板在你身上花了2万元进修费，他是非常心疼的，他就想：“在这个人身上已经花了2万元去进修了，我得主动关心他，免得他跑掉。”但在他没花这个钱的时候，你跑不跑都无所谓，因为那时他没有为你投入太多。一旦花了这个钱，他就得想办法留住你了。

等到你真的在公司里待了8年，也是一个总监了，到时候就会有猎头来猎你。人家问：“你工资多少？”你答：“5万元钱。”他问：“8万元你干不干？”这个就叫来硬的。这个时候，你不要跟老板直接说你最近对职业发展有点儿新的想法。作为一个有知识的人士，要追求一些软性的空间。你可以跟老板说：“老总，对不起，最近呢，不是我的原因，我那媳妇儿老跟我嘀咕，说人家给你8万元钱你还不去，我就批评我媳妇儿。但是你说这结了婚吧，不是我说了算，对吧。”老板想想你的话，也会明白言外之意的。老板也会算，如果你走了，换个新的人继续干，就不一定能挣钱了。所以，老板说：“人家不是给你8万吗，我给你9万！”

如果在刚刚参加工作的时候，像文章开头那样谈工资待遇的这个事情，对你是最不利的，因为你没有其他筹码。而前面所讲的这些进修、培训等软性资源是你可增加的筹码，你要多争取软性资源。也就是说，一个很重要的讲评让你去了，你就有了筹码。如果你一开始或者总是把那些条件摆在老板前面，老板就会想：“这个员工来工作还没几天呢，就开始跟我提工资，让我上套。”这样你就没戏了，他不会给你什么机会了。到后面你没有筹码，还怎么跟他谈呢？你爱干吗干吗去，他是不会过多加以挽留的。

哈佛的职业谈判课里有一课叫作价值点评估。比如假期、进修机会、岗位调动等，其实都是17～18个价值点当中的一个。这堂课讲的就是：**你只有在自身资源已经硬性化的时候才能拿钱说事儿**。所以，不要在年纪轻轻的时候就把势利的事看得那么重，因为这时你没有那个实力谈那么势利的事。打个比方，老板说：“最近赶上清库存。”你就说：“没问题，800元扣我身上！”你要真有这能耐，你就可以和老板谈谈这事儿了。但是有一个前提，那就是你要弄清楚自己是不是真的那么能干。

◆ 为理想而奋斗，并不一定能实现理想，但一定可以得到很多没有理想者想也想不到的精彩东西。

◆ 人要有理想，但不能有贪欲。在很多时候，这两个东西可能长得像孪生兄弟一样难以分辨，因为它们都有朝向未来的、积极的主观动向，而且都会支持其采取必要的行动，尤其是在当贪欲通过比较正面的话语表现出来的时候。我们选择理想与贪欲的结果往往差别很大，但大多数人容易偏向贪欲。

黑白两道，走哪条？

这个世界上的事情，有一端是所谓的大义，另外一端基本上属于大恶，但是很多事情发生在这两者之间，究竟如何取舍、如何选择，就跟你的眼光有关了。比如，为了售出篮球，找一个非职业选手的黑人模特拿着篮球，摆个pose。大部分人的反应不会说这个商家是一个骗子，基本上都不会认为这种行为是道德丧失。实际上，我们做一些事情在做法上有“欺骗”之嫌，只不过是属于策略而已。我们真正的现代营销中的选择策略性营销，讲的就是营销要有策略。否则的话，简单的销售模式很难把生意做得规模化。

举一个最简单的例子，大家到微博上去找一位博主黄太吉看看。你想过没有，哪一个卖煎饼果子的店一年可以达到1 800万元的营业额？这个人就能做到。那么，他是怎么做到这么成功的呢？

很多人会认为他肯定在煎饼果子的做法上下了很多功夫，其实不然。他的做法很简单，就是在他的微博上每天找一个理由，让你到他的店里来。而且他找的理由跟一般人找的还不一样，一般人会说我的果子最好，所以你应该买。这是我们很多人容易采取的方法，但他不是。他找的理由会让人觉得它的“因为”和“所以”之间没有任何相关性。

比如，今天你失恋了吗？请你到我的店里来，我送你一个免费的果子吃。第二天说，听说有一些人今天恋爱成功了，请你们两个人来我们的店里，一人送一个免费的果子吃。第三天说，如果你今天买的一辆车摇号摇中了，到我们的店里来就免费给你一个果子吃。第四天，如果你的车停在路边上，后备厢的盖儿是打开的，拍一个照片证明，到我这儿来就送你一个果子吃……

他每天就找这些不相干的理由，最后都会有超过200个以上的人在一个时间点排队吃果子。一个天津人做的煎饼果子，正常情况下是5元一个，在他的店里是20多元一个。很多人在排队等果子的时候，可以喝饮料，而且饮料品种极其丰富，结果是喝饮料的消费超过了吃果子的。

另外，黄太吉还经常到世界各处去旅游。如果他看到一个特别棒的博物馆，就会宣布如果今天你去看了博物馆，到店里来送你一个果子。他每天都给你一个理由，基本上只要你活着，就有理由到他那儿吃果子。他卖果子的方法和一般人就不一样，他讲的那个原因也和果子没有关系，他看起来根本就不是在卖果子，而是在送果子。但是，在送的过程中，他的果子就卖出去了。他的店有5万个左右的忠实消费者，他们吃完果子后经常给他写关于他果子的故事。他承诺只要你写一个，就送你一个果子。所有那些表扬他果子店的话，都不是他自己做的广告语，全部是消费者帮他创造出来的，有图、有文，还拍了很好看的照片。

11月11日是光棍节，黄太吉就去参加光棍节活动。他说，如果你拿两根油条摆出11的形状，再照成照片发送过来，就送一个果子。这看起来好像毫无相关性，但却是一个非常成功的例子。因为这个人建立了一个非常重要的优势地位，就是跨界的跨度很大。一般人不敢跨，人家敢跨，跨得毫不相干，然后大胆地送出果子。有人会说，送那么多果子不就亏了吗？其实，他卖果子的利本来就厚，20多元一个果子，差不多就够好几个人免费吃普通果子了。而且也没有人专门一起前来，却只吃这一个果子。

两个人，一个人吃免费果子，另外一个冲着这点又掏钱买一个。所以，这是一个非常成功的模式。这种做法并不是在骗人，而是一种营销策略。

从这个角度来说，校园里的同学们也要放开自己的思路，放手去做。这个世界上有很多奇妙的东西，那些我们眼前看得清楚、教科书上写得明白的教条，基本上是不能吸引人的。如果把毫不相干的事情间接联系起来，把固定联系在一起的事物断绝了关系，这样才能产生创意，才能让人觉得这个世界有意思。从这个意义上来说，在这个世界上，我们不需要欺骗，同样能够产生出足够的创意。

很多人说要先学坏，然后才能向好。江湖有黑白两道，其实我们只学白道就够了，而且这个江湖上想学黑道或者成为黑道的人很多，但真正学白道的人不多。所以，如果你认真地学白道，学会了，生意就足够你做的了。

我在1992年刚下海的时候，在自己从事的行业里拿项目单子一般都要给回扣。但是，我当时就给员工定了一个规矩，绝对不给回扣。没过几年，便发现个别员工破坏了这个规矩，只要被我发现就会被开除。给回扣的员工反倒问我："这生意不给回扣能做得下去吗？"我发现，这个社会上90%的生意要回扣，还有10%的生意不要回扣。即使一个贪心的合作对象，也会老老实实地干那10%的工程。因为他需要一定的政绩，才能使"拿回扣"具有可持续性。每个项目都出问题的话，很快就会被发现。99.99%的人会想到去做那90%的生意，只有很少的人会专门去做这10%的生意。如果你在这0.01%里面，就没有太多竞争者，生意就够你做的了。

在这里，鼓励大家的是：**江湖上也有正道，那个正道就够我们走的。正道上讲究真气、正气和勇气，如果你拥有这三点的话，又在白道上，那么江湖之中就够你发展的了。**

对于校园里的同学们而言，那些涉及欺骗的相关事宜是不需要去学的，因为根本就没有必要，堂堂正正的事情就足够我们做的了；而且你要相信，如果我们正经地去多花些精力学堂堂正正的东西，我们在正道上就有机会一直做下去。

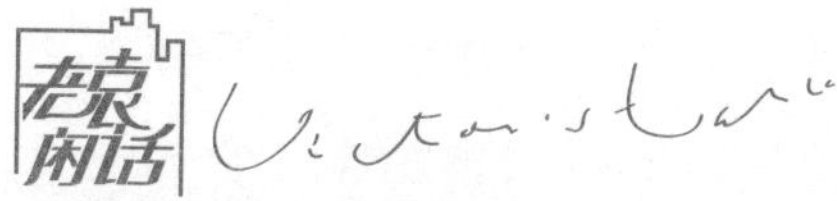

◆ 欲望等于对过度的结果的追求，这种追求使得手段的合规性与道义性都被放在一边，所以我们就看到越来越多看起来靠谱的企业却越来越失去底线，因为要得到那个结果，就没法要求手段与工具的纯洁性。很多走上犯罪不归路的人，都是自己不直接去作恶，而让别人去代替，这样便心安理得地认为找到了替身，就可以把自己的原罪洗上一道。

◆ 什么叫投机心理：只想吃果子，却不想种树；只想得到好东西，却不想付出代价；说好话拍马屁，为的是能加塞和特批；还有哭着喊着去学习一种在中国到处都设置的叫金融投资的专业！世无投机心理则诈骗者难存。

让梦想就这样失去?

我在去美国的飞机上看了一遍《飞屋奇遇记》，有一个很深的感受：卡尔到了这个年纪才去实现他与太太早年的梦想，而他在自己太太活着的时候居然没有去做！当然他还是好的，因为他在有生之年去追寻了。而最幸运的是小朋友罗赛尔，也许正因为有这样独特的经历，他以后的人生道路与其他的孩子就会完全不同。而有点儿狂热的孟兹虽然被当反面人物来对待，但是他生于探险也死于探险，在我看来他是最死得其所的人。

看到罗赛尔，我便能想到《牧羊少年的奇幻之旅》中的少年主人公，那个孩子也是在自己的少年时代就开始追寻自己的人生目标与意义。他追问他父亲与一路上遇到的阻留他的人，那个问题很酷：“你原来就想做这样的事情吗？”

梦想，就是说，如果我们活着，那么就还会有特别的兴奋、特别的感觉、特别的动力。梦想是一件很重要的事情。不论你是作家、科学家，或者是创业家、投资家，再或者是技术员、驾驶员、警察，从总体上而言，这个世界上的人以两种活着的方式存在：一种是在自己要的状况里；一种是在别人安排的状态里。

在前一种状态里，一生有自己的哀荣苦乐，但是自己赋予其意义、自己驱动行动，这样的人最容易成为一群人中的特别亮点，因为他们有明显的热情与主见；而后一种则相对平稳与普通、跟随与重复、抱怨或委屈、算计或窃喜。也许后者占大多数，但是有多少人是心甘情愿的呢？心甘情愿者就是自己认识到自己最喜欢平静与没有波浪，乐意追求与维持这样的状态，那也没什么。其中也有一些人追寻过而愿意回到平静安稳的状态中。总之，如果你心甘情愿，那么就无话可说了。

每个人都会有自己的梦想。在每一个人的内在世界里都有着最深切的标志，那就是每个人的梦想，不管它们源自哪里，都是非常丰富的。人生在本质上是用来实现自己的梦想的，那些朋友、职业、资源、机会都是追寻路上的风景，只要出发去路上认真地找寻，就一定会有足够的风景。尽管我们可能对于这些风景的类型、数量、程度不怎么清楚，而这种模糊正是在我们遇到风景之后的快乐与欢欣的来源。即便如此，那些风景也不是我们形成魅力的关键。我们有那些梦想中的目标，才吸引了最好的风景。

最不应该见到的是那些被扼杀梦想的孩子。**请父母稍微给孩子留一点点空间，不要把自己的心理强加给孩子。泯灭了梦想的孩子像没有灵魂的躯壳，不仅不能点亮别人，而且还会丢失自己。**

有一次，我参加了央视新节目《一起聊聊》的节目录制，这期的主题是关于青春。节目讲述的是三个农村出来的孩子辞职、做村官、北漂的经历。我非常欣赏这三个青年，原因不只是在他们身上我看到了部分的自己，更是因为我看到这三个青年因自己的主见、意志力、见识与梦想，形成了选择能力。他们都是家境不济的家庭中出来的孩子，正因为这样，他们才有了这种能力。从很大程度上来说，他们的家境造就了他们的特色与个性，造就了他们的行动力。这是那些已经被家长安排惯了、已经被安稳价值定型的孩子所不具备的能量。

这到底是谁的喜、谁的悲呢？奋斗与努力的上一代为下一代创造了安稳的生活和工作条件，却在不知不觉中削弱了下一代的能力；而那些稍微弱势的上一代却正在造就更有能量的下一代。

因为父母条件有限而让年轻人适当地去自我努力，或者因为距离上离孩子遥远而失去了控制，客观上使得他们有了更多选择的空间。从这个意义上来说，我鼓励年轻人到另外一个城市去读书、工作、旅行、做公益与实习。在这样的距离中，年轻人才能开始体会与见识在家长直接控制下所没有的自主行动与选择必要。在没有自主空间的情况下，“爱”成为不能分别亲子主体独立性的理由，也成为用上一代的选择替代下一代选择的自然做法，直到下一代进入到无可奈何的迷茫之中。

上一代真的有更好的选择能力吗？回答是否定的，因为他们获得信息的工具更旧，固守经验的模式更顽固，接触的职业数量与新知识更少，愿意接纳新信息的意愿更弱。这点看看他们炒股的结果、用新手机的速度、去过的地方与读过的书的类型就能知道。那些一心想为孩子安排未来的家长，他们的知识与信息面在某些方面并不一定比孩子广。

同时，年轻人也不应用简单、短期的报答方式去回应父母的爱。大家要清楚地知道，即使是亲子，无论是父母还是孩子都是独立的个体，互相尊重至为重要。一方将对方改造成为跟自己完全一样的想法是不对的，一方以为自己的想法就是对方应该接纳的善意认识也是不对的。父母和孩子只有在相互尊重的前提下与对方进行协商与沟通，而且往往需要在一定的时间后与一定的条件下，才能体会到这种差异所带来的特殊价值。

也许年轻一代所做的自我选择，不能带来父母或者社会所期待的，甚至是自己所追求的所谓成功，但是自我选择所成就的自我意志与主体感，本身就是一种真正的成功。这种能力与能量，使得个体能够发出真正属于自己的声音，这才是人生真正的目的。

◆ 如果你有创业的冲动，不妨试一试，因为也许一辈子就有那么一点创业冲动，在最年轻、自由的时光不冲而动之，以后也许连冲动的情绪也没有了，所以不要轻易放弃自己的创业灵感与想法，青春就是用来尝试与折腾的。

◆ 无论成功失败，认真尝试过以后我们就踏实了。创业能推进自然很好，不能推进的话，就算认真去就业也不会再想七想八。

◆ 即使失败也要去尝试，这才是真正的创业态度。创业不应该只拥有想成功的投机心态，而应该拥有向死而生的奋斗心态。

你的眼睛里要有光

有人提出这样的问题：眼睛里是不是有一些什么样的光？其实，这种光是很容易看见的。比如，我们读小说时经常看到这种形容："他发出饿狼一样的目光。"他不是狼，但如果他很饿的话，他的眼睛里就会放光；而一旦吃饱了人就会很慵懒，眼睛也就不会放光了。就如现在学校的学生们，太缺少历练。学校就像一个动物园，大家天天被喂食教科书和其他的一些教条，脑子里被塞得满满的，自然眼睛里便没有光了。这就是因为饿得不够。只有在饿的时候，人才会真正知道自己的人生目标是什么。

我除了提倡大家参加黑苹果活动之外，也鼓励大家参加国际远征。当离开熟悉的家园之后，你会突然眼睛放光，朝着家所在的方向在心里默默地喊道："我真的想回去！"这个时候你的眼睛就有光了，因为你有了目标、有了方向。又比如，登山的时候被太阳晒得很不舒服，你就想去找一片树荫，找啊找啊，这时候你的眼睛也是放光的。

大学生热衷于选学管理专业，却不知管理是什么。管理就是管理各种各样的状况，把不确定的变成确定的。从这个层面上讲，学管理是不需要读研究生的，它来自实践。有很多状况，需要你不断地去发现，然后逐个搞定。在搞定的过程中须遵循的一些规则，就是管理规则。所以，如果你学不到管理学的相关知识，那么其中一个很重要的原因就是管理实践的时间太少了，你没有什么机会去树立不管是长远的还是眼前的目标。

如果你要问树立一个什么的目标的话，答案其实非常简单，那就是去做自己喜欢的事情，而且尽量把这辈子自己喜欢的事情都做了，这就是目标。我自己也是如此，首先自己喜欢好多事，这就是我做很多事的原因。因为是自己喜欢的事，所以在做的时候会很有感觉。这就有点儿像你爱吃一种水果、爬一个山洞、喝一口泉水，这个时候你学到每一样东西，眼睛里都会放光。

其实，上述所讲的并不是要求大家都有一个远大的理想，也不是要求大家一定要发大财、做大事业，只是要求大家做到自然，能回答出来自己喜欢的是什么，然后再去做。有人说："我就是喜欢做一个小人物，我愿意一辈子睡炕头，我就是愿意这样生活。"这都很好，因为你能回答你自然而然要去做的那件事。你或者是一只小鸟，或者是一只松鼠，都很好，重要的是那就是你自己要做的。

在大多数情况下，这种真正的人生意义只有你自己清楚，这不会和任何人有关。你如果总听别人的意见、按照其他人意见来做的话，那你就活得没有价值和意义；而且最重要的是，很多时候，如果别人的意见干预到你的生活，你就会失去灵敏性，不知道如何掌控方向。因为其他人和你不是同一个人，思考问题的角度不一样，出发点不一样，利益就不一样。一个人要有这样子的自我主见和想法。

比如，父母总叫我别到外面去，说外面有什么好的。他们说："你在老家做一个干部，就把我们家给罩住了。"他们有他们的利益，但是以我的理想，在老家当个乡长会让我很痛苦；另外，在老家，父母兄弟姐妹多，双方家族加起来有400多个亲戚，我不照顾人情可能吗？一村人说起来都是亲戚，比如这是舅舅儿子的前女友的爸爸，而我根本没法应付这样的事情。

所以，我就是要去做我喜欢做的事，而不是做父母要我做的事。我不是他们的灵魂附体，也不是他们简单的工具。对我来说父母充其量只是我的顾问，我不能随便接受他们的意愿。我会花点儿时间和他们沟通，但绝不会成为他们的附庸，因为他们不是我。这就是我管理和父母关系的一种重要方式。这种管理有一个很重要的目标，就是做好自己。

我在自己小的时候曾经久久地画一幅画：一个属于自己的小岛，完全自己做主，防御外来的侵略，并把小岛布置成为一个美好、独特的天地。我后来学了点儿心理分析，觉得那是在一个大家庭中寻求独立空间的心理需要，同时有很强的寻求创业的倾向。

作为青年，我们拥有折腾的权利，我们在行动中、在探索远或近的距离以及不同机会的冲动中寻找感觉与方向，定义自己，累积成就感，发现不同于家长与老师教给我们的属于自己的知识、经验与教训。我们的人格与想法需要外化与实现的空间，当有了这样的可能性的时候，我们就能在这个时空留下自己的创造与痕迹。

我把这样的行动称之为创业，也把这样的思想称之为创业家精神。当我们内在的激情与要求得到实现、尝试与检验的时候，我们就圆满地成就了自己。我们对于不确定性的好奇与探索、对于完全新鲜的知识的敏感，需要在跨文化的时候避免先入为主，需要用开放的心态去学习，这样我们就为自己奠定了创新的心理与知识基础。

大家一定要相信，只有在社会化中才能找到前进的方向，在组织化中才能找到社会化的力量，国际经济学商学学生联合会（AIESEC）、青年成就组织（JA）、上海交通大学上海高级金融学院（SAIF）、雷励、YES黑苹果都是青年社会化的组织力量。但这还远远不够，大家现在只是追随组织的能量，等到大家能够创设组织的时候，就成为了新的力量。人们因为各种原因而聚集，但很多时候是盲目与迷茫的，真正的导向者是心有理想、行有方向的人，他们就是我们所谓的领袖。今天，年轻人社会化也需要更多的青年领袖来引领更多人前进的方向。

最悲哀的事情是我们丧失了梦想，那样我们就丧失了自己头顶的天空；丧失了爱好，丧失了属于我们自己的方向；丧失了主见，不能具有说服与坚持的能量。我们将没有行动，只是偶尔想想，却没有丝毫改变的力量。因此，现在的年轻人一定不能在父母的絮叨、老师的所谓要求、领导的报告声中丧失自己的理想。正如北京大学龚祥瑞教授说过的那样，**我们要坚持自己的理想，因为也许你不能实现你的理想，但你将拥有那些没有理想的人从来没想象过的机会与经验，你会有一个不会遗憾的人生。**

◆ 有见识的人常常受刺激，而且受了刺激容易往心里去，这样才会不断产生创意，不断前进。

◆ 不要轻视碎片思维的作用，大部分人原创的灵感往往来自于闪念。如果抓住了这样的闪念，就能感受到它所带来的很强的气息与味道。而如果持续不断地记录与保留这些碎片，就能感觉出中间的脉络，就有了持续地建构属于自己的创造性思想建筑的砖瓦。